KB137479

누구나 쉽게 재배할 수 있는

약용버섯 길잡이

MEDICINAL MUSHROOM

국립원예특작과학원 著

21세기사

누구나 쉽게 재배할 수 있는

약용버섯

길잡이

Contents

제1장

약용 버섯류의 기능성

제2장

영지버섯

제3장

천마버섯균을 이용한 천마 재배

제4장

목질진흙버섯(상황버섯)

Contents

제5장

복령

누에동충하초

제 7 장

태양의 버섯, 신령버섯

제 8 장

노루궁뎅이버섯

약용버섯의 기능성

1. 식품적 기능
2. 약리적 기능
3. 향후 전망

버섯류는 전 세계적으로 15,000여 종이 알려져 있으며 그 중 식용으로 개발 가능한 것은 2,000여 종이다. 버섯류는 자연 생태계의 유기물 순환에 중요한 역할을 하고 있을 뿐만 아니라 예부터 인류 생활과는 밀접한 관계를 맺고 있고 한국에서는 신라 시대부터 채취, 이용되었다고 한다.

버섯류 가운데 식용 버섯은 맛과 향기가 독특하여 고급 식품으로 애용되고 있으며, 약 1,000년 전에 처음으로 목이(*Auricularia auricula*)가 인공재배되었고, 900년 전에 표고(*Lentinula edodes*)가 중국에서 재배되었다는 기록이 있으며, 양송이(*Agaricus bisporus*)는 1650년대에 프랑스에서 인공재배에 성공하여 각국에 전래되었고, 300년 전에는 중국에서 풀버섯(*Volvariella volvacea*)이 재배된 일이 있다.

국내에 자생하는 버섯류는 1,900여 종이 기록되어 있고 이 가운데 30여 종이 재배되고 있으며 이들 대부분은 식품 혹은 기능성 식품(functional food)으로 사용되고 있다.

우리나라에서는 최근 약용균류가 고부가가치성 건강보조식품으로 인식되면서 점점 재배가 확대되고 있다. 따라서 이들 버섯에 대한 정확한 약리효능 검토와 인식이 필요하다. 국내에서 주로 재배되는 약용균류는 영지버섯, 상황버섯, 동충하초, 천마, 노루궁뎅이, 복령 등이며 그 외에 다양한 품목의 개발이 진행되고 있다.

01 식품적 기능

일반적으로 식품의 경우 영양분 공급에 의한 자양 기능, 식욕을 자극하는 기능, 그리고 인체의 건강 상태를 조절하는 기능이 있다〈표 1-1〉.

버섯류도 역시 영양적 가치에 의한 1차적 기능과 기호성에 따른 2차적 기능을 지니며, 식용 후 다양한 생체조절기능에 작용하는 3차적 기능도 지닌다.

최근 버섯류는 이와 같은 3가지 식품적 기능으로 인하여 식품(기능성 식품) 및 약품개발을 위한 중요한 생물자원으로 다루어지고 있다. 한국에서는 1930년대 표고의 인공재배가 처음 시도된 이래 느타리(*Pleurotus ostreatus*), 팽이(*Flammulina velutipes*), 양송이(*Agaricus bisporus*), 큰느타리(*Pleurotus eryngii*, 새송이), 영지(*Ganoderma lucidum*) 등 30여 종류 이상이 인공재배되고 있다.

〈표 1-1〉 버섯류의 식품적 기능

구 분	특 성
1. 영양성	식품 소재 기능 단백질, 탄수화물, 지질 미네랄 및 비타민류 등
2. 기호성	음식의 색택, 향과 맛 – GMP, AMP 등
3. 약리효능 (생체조절기능)	면역 조절 기능 체내 항상성 유지 항산화효과(노화 억제) 성인병 예방(동맥경화 등)

버섯류는 식품 본래의 역할인 영양 소재 공급원으로 단백질, 당류, 유기산, 비타민, 지방(특히 불포화 지방산류) 등이 들어 있으며, 음식의 선호도를 높일 수 있는 색과 향기 성분, 그리고 GMP(Guanosine-5-monophosphate), AMP(Adenosine-5-monophosphate)와 같은 핵산 관련 물질, 맛과 관련된 지미성분 등이 함유되어 있어 식품 첨가물로 널리 이용되고 있다. 또한 버섯류는 체내 콜레스테롤 함량을 낮추는 작용, 외부로부터 침입한 이물질(세균, 곰팡이 등)과 내부에 잔재하는 이물질(암세포 등)에 대한 생체방어작용을 촉진하는 면역조절 작용, 생체 내에서 생리적 작용에 관여하는 효소반응 등을 원활하게 유지시키는 항상성 작용, 동맥경화와 같은 성인병 유발 원인을 제거할 수 있는 항혈전 작용 및 혈당강하 작용, 그리고 항종양 작용 등의 약리적 특성을 지니고 있어 새로운 건강식품 소재로 주목받고 있다. 특히 새로운 생체반응조절제(Biological Response Modifier, BRM)의 개발 소재로 미국, 일본 등의 선진국에서 많은 연구가 이루어지고 있다. 버섯류의 성분 중 가장 주목받고 있는 것은 베타글루칸(ß-glucan) 등의 다당류인데 이미 표고에서 추출한 렌티난(Lentinan), 구름버섯(*Coriolus versicolor*)에서 추출한 PSK(Polysacchaide krestin) 등이 의약품으로 시판되고 있다. 이들 외에 면역조절기능을 지니는 heteroglycan, galactan 등이 최근에 보고되고 있으며, 신령버섯(*Agaricus subrufescens*)의 자실체, 상황버섯(*Phellinus* sp.)의 균사체, 장수버섯(*Perenniporia fraxinea*)의 자실체로부터 면역촉진 효과가 있는 galactan류, heteroglycan류 등이 보고되었다. 또한 자생하는 버섯류에서도 노화 방지와 관련성이 있는 항산화물질, 소염성 항균물질 등이 보고되고 있다.

버섯류는 다양한 기능성과 그와 관련된 여러 가지 성분을 지니고 있어 고부가가치 건강식품으로 취급되며 새로운 의약품 소재로 개발될 가능성이 높다. 따라서 기존에 주요 식용 버섯류로 알려진 느타리버섯 등 10여 종에 대해 다양한 기능성의 부여와 성분 분석을 통한 식품적 가치 판단 기준이 필요해졌다. 또한 다양한 식용 및 약용 버섯류를 개발하고 의약품 소재를 탐구하기 위해 우리나라에 자생하는 버섯류의 유전자원화가 요구되고 있다.

02 약리적 기능

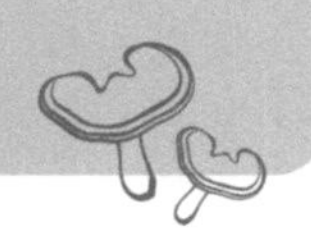

버섯류에서는 1945년에 낙엽버섯(*Marasmius conigenus*)으로부터 항생물질 marasmic acid가 보고된 이래 지금까지 약 180 여종 이상의 기능성 물질이 보고되었다. 버섯류는 항생물질 외에도 균사 및 자실체에 혈당 강하 물질, 콜레스테롤 감소 물질, 항혈전 물질(혈소판 응집 저해 물질), 항염증 물질, 신경보호 물질, 렉틴 등 다양한 생체기능조절 물질들을 가지고 있다〈표 1-2〉.

또한 버섯으로부터 분리된 ß-D-glucan류의 항종양 작용이 보고되었으며 최근 새로운 항암 면역요법제로 이용될 수 있는 버섯 다당류에 대한 연구가 많이 이루어지고 있다, 담자균이 생산하는 생리활성물질 (기능성 물질) 중 다당류는 숙주 매개성 면역 증강 활성을 지니고 세포 독성이 적어 생물반응조절제(Biological Response Modifiers, BRMs)로 각광받고 있다.

〈표 1-2〉 버섯류의 약리적 기능

약리적 기능	성분	버섯류
항균활성	Grifolin, calvatic acid 등	약 180여 종
콜레스테롤 저하 작용	Ergosterol 등	표고버섯 등
혈당 저하 작용	Peptidoglycan, ganoderan	영지
혈소판 응집 저해 작용	Lectin,5'-AMP, 5'-GMP	영지, 표고버섯 등
항바이러스 작용	Protein, ß-glucan	표고버섯 등.
항종양활성	Terpenoide, illudin-S, ß-glucan (polysaccharide), RNA complex	신령버섯, 영지, 목질진흙버섯 등.
면역조절기능	ß-glucan, heterogalactan-protein complex 등	다양한 버섯류

생물활성을 지니는 천연 유기화합물의 탐색에는 일반적으로 다음과 같은 5가지의 기본 사항이 있다. 첫째, 전승의약 위주로 분석한다. 둘째, 유용한 생약의 기원식물과 근원식물의 성분을 탐색하고 약효를 검토한다. 셋째, 어떤 종류의 약효를 가질 가능성이 있는 화합물에 초점을 맞추어 탐색한다. 넷째, 인체의 생체 반응에 관여하는 효소, 호르몬 등의 분석을 통해 이들 자체 또는 반응에 영향을 줄 수 있는 화합물을 이용하여 의약품 소재로 개발한다. 다섯째, 특정 약효를 볼 수 있는 화합물을 이용하여 의약품 소재로 개발한다. 이상의 5가지 가운데 가장 먼저 제시되는 것은 전승의약 위주의 탐색이다.

〈표 1-3〉 암에 유효하다고 전승되어 온 버섯류

한국명	학명	한약명
말굽잔나비버섯	*Fomitopsis officinalis*	
조개껍질버섯	*Lenzites betulina*	樺褶孔
구름버섯	*Coriolus versicolor*	–
말똥진흙버섯	*Phellinus igniarius*	–
원숭이안장버섯	*Ganderma applanatum*	梅寄生, 樹舌
매미동충하초	*Cordyceps sobolifera*	–
저령	*Grifola umbellata*	豬苓
소나무잔나비버섯	*Fomitopsis pinicola*	胡孫眼
말굽버섯	*Fomes fomentarius*	胡孫眼
잎새버섯	*Grifola frondosa*	舞茸
덕다리버섯	*Laetiporus sulphureus*	–
복령	*Poria cocos*	茯苓
영지	*Ganoderma lucidum*	靈芝
목질진흙버섯	*Phellinus linteus*	桑黃
–	*Polyporus mylittae*	雷丸
흑지	*Ganoderma neo-japonica*	紫芝, 木芝

버섯류도 이와 마찬가지로 전승되어온 약용버섯을 대상으로 새로운 생물 소재를 찾으려는 시도가 이루어져 왔다. 중국, 일본 및 우리나라의 경우 한의약 고서인 동의보감, 본초강목 등에 기재되어 있는 약용균류를 대상으로 그들의 생물활성과 약

리성분에 대하여 연구해왔다.
〈표 1-3〉은 암에 유효하다고 전승되어온 버섯류이다.

약용 균류로 알려진 상기의 전승 버섯류는 제암, 중풍과 같은 성인 질환에 효과가 있고, 해독 및 강장작용과 같은 인체 내 생리적 변화를 조절하는 기능을 하며, 구충 효과를 갖췄고 기관지염과 같은 염증에 효능이 있다고 알려져 있다. 이처럼 버섯류에 다양한 약효가 있음이 알려지면서 버섯의 약리 효능 및 성분에 관한 연구가 이루어져 왔다〈표 1-4〉. 특히 인류의 3대 질병 중 하나인 암에 대한 효능 연구가 일본, 중국, 그리고 우리나라에서 이루어져 왔으며 최근 미국 및 유럽 등에서도 이에 대한 약리적 작용기작 및 화학 성분에 대한 연구가 진행되고 있다.

〈표 1-4〉 전승되어온 약용 버섯류 열수추출물의 약리 효능

성인 질환 등	생리적 질환 등	세균성 질환 등
제암	제간, 건위	결핵
중풍	해독, 편통	풍사
뇌졸중	해열, 이뇨	기관지염
고혈압	정장, 빈혈	구충
심장병	지혈, 복통	안병
위궤양	강심, 강장	항균

버섯류의 항종양활성은 1960년대 일본에서 생쥐의 고형암세포 sarcoma-180에 대한 저해활성이 보고되면서 관심이 높아졌다. 그 후 많은 연구자에 의해 버섯류와 고형암세포 sarcoma-180에 대한 연구가 진행되어 왔다.
근래에 주요 버섯류의 생리활성이 많이 밝혀져 보고되었다〈표 1-5〉.

〈표 1-5〉 주요 버섯류의 생리활성 및 기능성

버섯명	학명	항균	항염증	항종양	항바이러스	항세균	혈압조절	심장혈관장애방지	콜레스테롤감소	면역조절	신장강화	간장독성보호	신경섬유활성화	생식력증식	만성기관지염	항산화	혈당조절	폐/호흡강화	스트레스감소
구름버섯	*Trametes versicolor*			●	●	●				●	●	●				●			
끈적긴뿌리버섯	*Oudemansiella mucida*	●																	
노루궁뎅이버섯	*Hericium erinaceus*		●	●		●							●						
느타리	*Pleurotus ostreatus*			●	●	●	●	●	●				●						
느티만가닥버섯	*Hypsizygus marmoreus*			●															
덕다리버섯	*Polyporus sulphureus*	●		●		●													
동충하초	*Cordyceps sinensis*			●	●	●	●	●	●	●	●	●	●	●		●	●	●	●
말굽버섯	*Fomes fomentarius*			●	●	●													
목이	*Auricularia auricula-judae*			●			●	●	●						●				
버들송이	*Agrocybe aegerita*	●		●					●				●						
뽕나무버섯	*Armillaria mellea*	●					●	●					●						
산느타리	*Pleurotus pulmonarius*	●		●					●										
상황	*Phellinus linteus*		●		●	●													
소나무잔나비버섯	*Fomitopsis pinicola*		●	●		●						●							

버섯명	학명	항균	항염증	항종양	항바이러스	항세균	혈압조절	심장혈관장애방지	콜레스테롤감소	면역조절	신장강화	간장독성보호	신경섬유활성화	생식력증식	만성기관지염	항산화	혈당조절	폐/호흡강화	스트레스감소
신령버섯	*Agaricus brasiliensis*			●	●				●	●							●		
양송이	*Agaricus bisporus*			●						●	●								
연잎낙엽버섯	*Marasmius androsaceus*		●										●						
영지버섯	*Ganoderma lucodum*		●	●	●	●	●	●	●	●	●	●	●		●	●	●	●	●
잎새버섯	*Grifola frondosa*	●		●	●	●	●			●		●			●		●	●	●
자작나무버섯	*Piptoporus betulinus*	●	●	●	●	●				●									
잔나비 걸상버섯	*Ganoderma applanatum*		●	●	●	●				●								●	
저령	*Polyporus umbellatus*		●	●	●	●				●	●	●			●			●	
조개껍질버섯	*Lenzites betulina*			●				●											
차가버섯	*Inonotus obliquus*		●	●	●	●				●		●					●		
치마버섯	*Schizophyllum commune*	●	●	●	●	●				●		●							
팽이버섯	*Flammulina velutipes*	●	●	●	●					●									
표고버섯	*Lentinula edodes*	●		●	●	●	●		●	●	●	●		●			●		●
황금목이	*Tremella mesenterica*						●								●				

항종양 활성물질은 대부분 다당류인 글루칸(glucan)류로 그들의 독특한 화학구조 특성에 따라 일부 작용기작이 다르다. 대부분 긴 사슬 모양의 ß-glucan류로서 분

자 모형상으로는 유사하나 분자량, 긴 사슬상의 가지의 수와 모양, 그리고 입체 구조에 따라 차이가 있다.

버섯류의 ß-glucan은 주로 면역활성을 통한 항암작용을 하는 것으로 보고되면서 직접적으로 암세포에 작용하는 세포 독성에 의한 항암 작용보다 면역체계 강화를 통한 면역 조절 작용에 대한 연구가 이루어지고 있다.

〈표 1-6〉 버섯류로부터 분리된 다당류

버섯 종류	과명	성분
	Aphylloporales	
Coriolus versicolor	Polyporaceae	Coriolan(M),PSK (glucan)
Cryptoporus volvatus	Polyporaceae	ß–Glucan (F)
원숭이안장버섯(*G. applatum*)	Polyporaceae	ß–Glucan (F)
영지(*G. lucidum*)	Polyporaceae	ß–Glucan(F), Hetero–ß–Glucan(F)
영지(G. tsugae)	Polyporaceae	ß–Glucan, Protein–bound glycan
잎새버섯(*Grifola frondosa*)	Polyporaceae	ß–Glucan
저령(*G. umbella*)	Polyporaceae	ß–glucan(F)
상황(*Phellinus linteus*)	Polyporaceae	ß–Glucan(F) Heteropolysaccharide(M)
복령(*Poria cocos*)	Polyporaceae	ß–Glucan, Pachymaran
노루궁뎅이버섯(*Hericium erinaceus*)	Hericiaceae	ß–Glucan

현재 버섯류에서 분리된 다당류는 단독으로 사용되거나 화학요법제 또는 방사선 치료와 병행하여 사용되고 있다. 항암면역조절제로 시판되고 있는 의약품은 15종 정도로 그들의 분리원은 대부분 세균류이며 일부 합성된 제품이 있다. 이 중 3가지는 버섯에서 분리된 것이다.

최근 상황버섯(목질진흙버섯, *Phellinus linteus*) 균사체로부터 얻은 다당류를 의약품으로 등록하여 항암면역조절제로 시판하고 있다.

표고(*Lentinus edodes*)에서 분리된 Lentinan의 경우 면역체계 중 면역조절인자인 T 임파구, macrophage 및 보체를 활성화시켜 생체의 면역학적 활성을 증가시킨다.(표1-6,1-7)

〈표 1-7〉 버섯류로부터 분리된 다당류

버 섯 류	과 명	성 분
	Agaricales	
표고(*Lentinula edodes*)	Tricholomataceae	β-Glucan(Lentinan)
왕송이(*Tricholoma giganteum*)	Tricholomataceae	β-Glucan
노루궁뎅이버섯	Tricholomataceae	β-Glucan
(*Hericium erinaceus*)	Tricholomataceae	
느티만가닥버섯	Pleurotaceae	Heteropolysaccharide
(*Hypsizigus marmoreus*)	Pleurotaceae	
뽕나무버섯부치	Pleurotaceae	β-Glucan
(*Armillariella tabescens*)	Strophariaceae	β-Glucan
노랑느타리버섯	Schzophyllaceae	Xyloglucan-protein
(*Pleurotus citrinopileatus*)		β-Glucan
느타리(*P. ostreatus*)	Pluteaceae	Schzophyllan, scleroglucan
여름느타리(*P. sajor-caju*)	Agaricaceae	β-Glucan,
맛버섯(*Pholiota nameko*)	Agaricaceae	β-Glucan-protein,
치마버섯		Hetero-β-glucan, RNA,
(*Schizophyllum commune*)	Crepidotaceae	Insoluble β-glucan
풀버섯(*Volariella volvacea*)	Bolbitiaceae	β-Glucan
신령버섯(*Agaricus subrufescens*)		β-Glucan
	Dacryomycetales	
	Auriculariaceae	Heteroglycan (F)
Crepidotus sp.		β-Glucan(F)
	Auriculariaceae	β-glucan

〈표 1-8〉 영지버섯의 약리효능 및 약효성분

약리효능	약효성분
무통성 효과	Adenosine
간기능 보호 작용	Ganoderic acids R, S Gaosterone
항염증 작용	β-Glucan G-A
항암 작용	Polysaccharides Polysaccharide GL-1 Polysaccharide G-Z β-D-Glucan Polysaccharide-protein complex
강심 작용	Alkaroids Polysaccharide

약리효능	약효성분
Histamine-release inhibitor	Ganoderic acids C, D Cycloctaasulfur
콜레스테롤 감소 작용	Ganoderic acid B Ganoderic acid Mf Ganoderic acid T-O
혈당 저하 작용	Ganoderans A, B, C
혈압 저하 작용	Ganoderol B Ganoderic acid B, D, F, H, K, S, Y
면역 조절 작용	Polysaccharides Polysaccharide BN3C Protein LZ-8
인터페론 유도, 항바이러스	RNA
혈소판 응집 저해 작용	Adenosine

버섯류의 면역조절작용에 대한 효능이 확인되고 새로운 생물반응조절제로 개발될 가능성이 시사되면서 새로운 버섯류로부터 기능성 다당류를 탐색하기 위한 많은 연구가 이루어지고 있다.

영지에 함유되어 있는 저분자 성분은 단당, 올리고당, 당알코올, 아미노산, 지방산, triterpenoids, 스테로이드, 아데노신유도체, 탄닌질 등이 알려져 있고 고분자 성분으로는 주로 다당류, 당단백질 등이 알려져 있다.

영지의 생화학적, 약리적인 연구가 활발해지면서 기초연구에서 항종양, 항HIV, 항바이러스, 고혈당 저하, 고혈압 억제, 항고지혈증, 항알레르기, 항염증, 간기능 개선 등 다양한 약리작용이 밝혀졌다. 또한 임상 응용에서는 암, 에이즈, 당뇨병, 고혈압, 고지혈증 외에 만성기관지염, 급성·만성간염, 간경변, 통풍, 신경쇠약, 다발성근염, 탈모 등의 증상에도 효과가 있는 것으로 보고되고 있다. 한편 영지에 함유되어 있는 여러 약효 성분은 많은 연구자들에 의해 판명되고 있다. 그중에서도 특히 다당류, triterpenoids 연구가 주목받고 있다.

영지의 혈당 저하 작용이 가능한 메커니즘은 동물실험을 이용하여 조사되고 있다. 다당추출물을 투여한 후, 혈당값이 저하됨과 함께 인슐린의 양이 상승하는 경향을 보였다. 영지는 가노데릭산, 루시데닌산 등의 triterpenoids가 함유되어 있어 강한 쓴맛을 지니는 것으로 알려져 있다. '좋은 약은 입에 쓰다'라는 속담대로 영지의 쓴맛 성분에 대한 연구도 상당히 주목받고 있다. 영지에서는 이미 100 종류 이상의 triterpenoids가 분리·동정되고 있는데 이러한 triterpenoids에는 세포독성에 의한 항종양 작용, 항HIV 작용, 항고혈압 작용, 콜레스테롤 저하 작용, 간기능 개선 작용, 항알레르기 작용, 혈소판 응집 억제 작용 등이 있다는 것을 확인할 수 있다.

영지버섯에서 약리 효능을 지닌 주성분은 다당류, 쓴맛을 내는 고미성분인 triterpernoids, protein, adenosine, 핵산(RNA) 등이다. 영지버섯에 함유된 adenosine의 경우 무통성 효과(진통 효과, Analgesic)가 있고 혈소판 응집 저해 작용(Platelet aggregation inhibitor)을 한다. 지금까지 보고된 버섯 다당류는 약 60여 종이 있다. 이들 대부분은 ß-glucan이며 일부 heteroglycan류와 protein이 결합된 다당류들이다. 이들의 생물활성에 대한 연구는 진행 중이며 일부는 국내외에서 보고되었다.

triterpenoid 계통의 화합물은 ganoderic acids A에서 Z를 포함한 약 30 여종이 자실체 및 균사체로부터 분리돼 각각의 약리 효능이 보고되었다. triterpenoid 계통의 화합물은 간 보호 작용(Antihepatotoxic), histamine-release inhibitor, 콜레스테롤 감소 작용, 혈당 저하 작용(Hypoglycemic), 혈압 저하 작용(Hypotensive) 등의 생물 조절 기능을 지닌다. 그 외에 다당류에 의한 항암작용, alkaroide 화합물에 의한 강심작용(Cardiotonic), 다당류 및 protein LZ-8에 의한 면역조절기능 등이 보고되었다<표 1-8>.

영지버섯과 상황버섯은 이처럼 다양한 약리 효능이 보고되면서 건강보조식품으로 다루어지고 있으며 우리나라의 경우 식품 공전에 등록이 되어 기능성 음료 등에 사용되고 있다.

식용버섯으로 오래전부터 알려져 온 표고버섯의 경우 영지버섯과 마찬가지로 다양한 약리효능이 보고되어 있으며 전술한 바와 같이 생물반응조절제인 Lentinan이 추출돼 시판되고 있는 약용균류이다. 표고버섯의 약리효능 및 약효성분은 <표 1-9>와 같다.

〈표 1-9〉 표고버섯의 약리효능 및 약효성분들

약리효능	약효성분
항균 작용	다당류, 렌티난
항혈전 작용	핵산 및 그 유도체
항암 작용	다당류, 렌티난, peptidomannan (KS-2) 이중가닥 RNA 다당류LAP1
항바이러스 작용	이중가닥RNA Peptidomannan (KS-2) 다당류Ac2P 다당류, 렌티난 Lentinan sulfate LEM EPS3 and EPS4
콜레스테롤 감소 작용	Eritadenine
면역조절기능	다당류, 렌티난

표고버섯은 맛과 향이 뛰어난 식용균류이면서 다양한 생물조절 기능을 지닌 약용균류로 영지버섯과 마찬가지로 우리나라 식품공전에 등록된 건강보조식품이다. 표고버섯의 주요 약리 성분인 다당류 lentinan은 표고버섯 자실체의 열수추출물에서 분리, 정제된 고분자 다당류로 면역조절기능뿐만 아니라 항암활성, 항바이러스 작용, 그리고 항균 작용 등도 하는 폭넓은 생물반응조절물질이다. 또한 항상성을 높이는 기능이 있기 때문에 세균, 바이러스, 진균, 기생충에 의한 발병에 대해서도 치료 효과가 나타나고 있다. 표고버섯의 특이성분인 에리타데닌(eritadenine)의 경우 아데노신(adenosine)과 같이 체지방 감소와 더불어 콜레스테롤 감소 효과를 함유하고 있다. 감미성분인 GMP 등과 같은 핵산류는 동맥경화, 심근경색 등의 원인인 혈전을 막아주는 항혈전 효능을 지니고 있다. 즉, 표고버섯의 섭취는 이와 같

은 약리 효능을 살펴볼 때 최근 스트레스에 의하여 발생하는 각종 성인병 질환을 예방하는 효능이 있음이 인정된다.

최근 영지버섯과 표고버섯 등의 약리 효능에 관한 연구가 자세히 보고되면서 버섯류의 새로운 약리적 기능과 성분에 관한 연구가 이루어지고 있으며 새로운 인공재배 버섯의 경우 그들의 기능성에 대한 연구를 위해 여러 가지 생물활성과 전체적인 성분에 대한 검정이 시도되고 있다. 그 예로서 최근 일본에서 인공재배가 이루어지고 있는 노루궁뎅이버섯(*Hericium erinaceus*)의 영양성분 및 약리적 성분에 대한 보고가 있다. 노루궁뎅이버섯에는 영양성분으로는 일반성분 및 아미노산, 정미성분인 핵산류, 유리당류 등이 함유돼 있었고, 약리성분으로는 열수추출액에 의한 암세포 Hela-cells 증식 억제 효능이 있었다. 또한 뇌졸중 등의 성인병을 예방할 수 있는 신경성장인자 합성 유도촉진물질인 hericenones A에서 H까지의 새로운 화합물 등이 발견돼 동물실험을 통한 인지능력 개선 효과 및 임상연구가 추진되고 있다. 면역기능 조절 성분, 항종양 다당류, 식이섬유 성분, 적혈구 응집 저해 작용을 지니는 렉틴 등에 대해서도 보고하였다. 베타글루칸 함량이 높아 항암효과가 탁월하다고 알려진 꽃송이버섯은 각종 가공품 및 건강기능성 식품으로 개발 중이다.

신령버섯은 주름버섯과 주름버섯속 버섯으로 학명은 *Agaricus subrufescens*(아가리쿠스)이다. 미국의 플로리다주, 사우스캐롤라이나주 및 브라질 상파울루의 피에다테 산지에 자생하는 식용버섯이다. 신령버섯 자실체 성분에 강한 항종양성이 있다는 사실이 보고되면서 효과가 우수한 신령버섯 자실체 재배를 위한 재배특성 연구가 활발해지고 있다. 또한 아토피성 피부염에도 효과가 있다고 보고되고 있다. 신령버섯은 시장에 유통되고 있는 버섯류 중에서 가장 높은 약리효과를 나타내는 버섯으로 주목받아 왔다. 항종양활성에서는 높은 활성을 나타내는 당단백복합체나 저분자 RNA가 존재하며 암세포에 대해 직접적인 세포증식 억제 효과를 나타내는 스테로이드류도 보고되고 있다.

큰느타리버섯의 기능성에 관해서도 몇 가지 보고와 발표가 있었다. 큰느타리버섯은 항고지혈증 효과, 간 장해 예방 효과, 동맥경화 예방 효과 등이 있는 것으로 보고됐다. 이는 큰느타리버섯이 생활습관병에 유효하다는 것을 시사하고 있다. 변비 개선 효과와 면역증진, 피부 기능 개선 효과도 있는 것으로 밝혀졌다. 큰느타리버섯에는 칼륨이나 식이섬유가 많은 것이 특징이다. 칼륨은 나트륨과 함께 삼투압을 조절하고 고혈압을 예방하는 효과를 기대할 수 있다. 식이섬유는 소화효소로는 소화되지 않아 영양이라고는 할 수 없지만 장내의 노폐물 등을 제거하고 대장암을 예방하는 작용을 기대할 수 있다. 또한 버섯의 세포벽에는 베타글루칸과 함께 키틴이 함유 되어 있어 면역력을 높이는 작용도 기대된다.

차가버섯(*Inonotus obliquus*)은 예부터 민간약에 이용돼왔고 버섯 추출액에는 약리효과를 나타내는 것이 많이 있다고 보고된다. 러시아에서는 옛날부터 위장병 등에 이 버섯을 대체의료약으로 썼다. 요즘 들어서는 암과 같은 악성 신생물에도 효과가 높은 것으로 주목받고 있다. 차가버섯 균핵의 열수추출물에는 강한 항산화활성을 나타내는 멜라닌 복합체나 폴리페놀 관련 물질이 존재한다. 또한 버섯의 성분에 베타글루칸 등의 다당체가 있어 면역부활작용을 매개로 한 항종양활성이 알려져 있다. 차가버섯도 다른 버섯과 마찬가지로 베타글루칸, 헤테로글루칸 및 그들의 단백복합체가 확인되고 있다.

느티만가닥버섯(*Hypsizygaus marmoreus*)의 성분은 당질과 단백질이 많았고 구성아미노산은 글루타민산이 가장 많았다. 이 버섯 추출물도 항종양활성이 보고되고 있다. 산화적 스트레스의 증가는 면역능력을 저하시킴과 동시에 노화나 암 등과 깊은 관계가 있다는 것이 지적되고 있다. 느티만가닥버섯 등의 버섯류는 면역의 증가 효과가 있고 암억제 작용을 갖는다.

저령(*Grifola umbellata*, 豬苓)은 예부터 한방약으로 이용됐는데 자실체 부위가 아닌 균핵을 일컫는다. '豬苓'은 균핵의 형상이 멧돼지의 변과 닮았다는 데서 유래한 이름이다. 균핵의 일반적인 성분은 단백질 8%, 조섬유 47%, 탄수화물 0.5%, 회분 7%로 자실체보다 단백질은 적지만 다당류는 많이 함유하고 있다. 함유하는 주요 기능성 성분으로는 α-글루칸, ß-글루칸, 헤테로글루칸, 에르고스테롤 등이 알려져 있다. 이뇨, 해열, 신장질환 등에 효과가 있다. 균핵에서 얻은 수용성 다당류는 강한 항종양활성을 보인다.

잿빛만가닥버섯(*Lyophyllum decastes*)은 다른 버섯과 마찬가지로 자실체의 약 90%가 수분으로 이루어져 있다. 가식부 100g당 식물섬유가 5.6g, 단백질 3.1g이며, 지방은 0.2g으로 거의 들어있지 않다. 또한 다른 식물과 비교하여 칼륨, 나이아신(niacin), 비타민B2, ß-글루칸 함유량이 높다. 아삭아삭하게 씹히는 식감과 함께 맛에 거부감이 없고, 오래 삶아도 뭉개지지 않기 때문에, 일본식, 서양식, 중식 등 다양한 요리에 이용된다. 또한 다른 재배 버섯과 비교할 때 유통기한이 길어 시장에서의 평가도 높다. 잿빛만가닥버섯은 저칼로리로서 식이섬유량이 높아 변비 예방, 다이어트 효과가 기대된다. 또한 칼륨 함유량이 높기 때문에 식염을 많이 함유한 요리에 사용하면 염분을 체외로 배출하는 효과가 있다. 최근에는 이와 같은 식품으로서의 일반 적인 효과뿐만 아니라 동물실험이나 임상실험 등에 의해 여러가지 기능성이 밝혀지고 있다. 잿빛만가닥버섯은 자실체의 경도에 따라 통조림이나 파우치 형태의 가 공식품으로 이용이 가능하다. 또한 기능성을 살린 건조분말이나 열수추출물을 캡 슐화한 건강식품, pet용 건강식품으로도 이용되고 있다. 향후 식감, 기능성을 살린 식품, 의약품 등의 개발이 진행될 것으로 생각된다.

버섯의 ß-글루칸은 주로 세포성 면역계에 작용하여 대식세포와 면역세포를 활성화시킴으로써 종양증식 억제 작용을 발현하는 것이라고 생각해 왔다.

꽃송이버섯(*Sparassis crispa*)은 다량의 ß-글루칸을 함유하고 있으며, 종양증식 억제와 알레르기 증상 개선 등에 효과가 확실하여, 기능성 식품으로 주목받고 있다. 식용으로서의 꽃송이버섯은 거부감 없는 맛과 오도독거리는 식감으로 일식, 중식, 양식 등 어느 요리에도 사용 가능하며 유통기한이 길다는 것도 장점 중 하나이다. 꽃송이버섯(자실체)은 수분이 약 90%를 차지한다. 꽃송이버섯은 계통이나 재배조건에 따라 다소 변동이 있지만 다른 버섯에 비해 단백질, 당질, 지질, 회분 등이 낮고 식물섬유가 상당히 높다. 특이한 점은 식물섬유 가운데 ß-글루칸이 건물 환산으로 40% 넘게 포함되어 있는데 타 버섯류와 비교할 때 현저하게 높다. 꽃송이버섯 자실체의 열수추출물은 섬유아세포의 증식을 촉진하여 콜라겐 생성 능력을 향상시킨다. 꽃송이버섯은 미용 효과를 갖고 있으며 멜라닌 생성을 억제하는 미백효과가 있는 것으로 판명되었다. 또한 혈당상승 억제 작용, 혈중 콜레스테롤 억제 작용, 혈압상승억제 작용, 항산화활성 작용 등이 보고되고 있다.

복령(Wolfiporia extensa)은 소나무의 뿌리 근처 땅속에 형성되는 균핵이며 고대부터 한방약으로 사용돼 왔다. 간기능 개선, 항종양, 항염 및 위운동기능 촉진 등의 효과가 보고되고 있으며 복령의 트리테르페노이드 성분 등에 대해 많은 연구가 진행되고 있다. 잎새버섯 자실체는 수분이 약 90~91%를 차지하고 있다. 건조물은 탄수화물 60%, 단백질 약 22%, 지질 약 5%, 미네랄 약 5%로 단백질과 탄수화물이 풍부한 버섯이라고 할 수 있다. 탄수화물의 대부분은 불용성 식물섬유인데 이것은 장내의 변이원, 콜레스테롤 등을 흡착하여 배설시키고 장의 연동운동을 자극하여 자연스러운 배설을 촉진하는 역할을 한다. 잎새버섯(*Grifola frondosa*) 자실체에는 풍부한 미네랄류, 비타민류가 함유되어 있다. 그 외에 에르고스테롤(프로비타민D)함유량은 버섯 가운데 가장 많다. 에르고스테롤은 자외선에 의해 비타민D로 변해 칼슘 흡수나 뼈의 형성을 촉진한다. 또한 암의 혈관 신생을 저해함으로써 암세포에 영양 보급을 억제하는 작용도 보고되고 있다. 또한 항종양, 항HIV와 항바이러스, 고혈당 저하, 고혈압 억제, 항고지혈증, 비만 억제, 항산화, 간기능 개선 등 여러 약리작용이 보고되고 있다. 잎새버섯 자실체 유래의 다당체는 ß-글루칸이 대표적인데 그 항종양성이 높이 평가되고 있다. 자실체뿐만 아니라 균사체에서도 ß-글루칸, 헤테로글루칸 등의 항종양 다당체가 추출된다.

상황버섯은 항종양활성, 항산화, 항알레르기 활성이 보고되고 있으며, 노루궁뎅이버섯은 신경성장 인자(nerve growth facor, NGF)의 합성을 촉진하는 물질을 함유하고 있어 인지 능력 개선과 관련해 많은 관심을 갖고 있다.

03 향후 전망

건강에 대한 국민들의 관심이 높아지면서 우리나라와 중국, 일본에서는 새로운 기능성 버섯류의 탐색이 계속 진행되고 있다. 특히 우리나라의 경우 영지, 상황, 동충하초, 신령버섯 등의 다양한 약용균류가 재배되고 그들의 약리효능에 관한 연구가 이루어지면서 지난 수 천년간 질병치료제와 건강보조식품으로 중요시 여겨지고 있다.

버섯은 적은 섭취량으로도 충분한 영양공급과 약리효과를 겸비하고 있으며 버섯을 이용한 신소재개발은 첨단종합과학분야 (생명공학, 피부과학 등), 정밀화학분야(Nano/Bio, 천연물화학, 유전공학 등), 화장품 등의 다양한 분야 산업에 영향을 줄 수 있으며, 이를 통하여 선진형 미래산업 육성을 통한 고부가가치를 창출할 수 있을 것으로 기대되며 약용버섯자원의 특성조사와 기능성 평가는 다른 선진국들과의 경쟁에서도 식·의약소재 분야에서 우위를 선점할 수 있는 근간이 되리라 생각된다.

그러나 정확한 약리 효능 및 약효 성분에 대한 연구는 미진한 실정으로 버섯에 관련된 많은 연구자의 지속적인 관심이 필요하다.

영지버섯

1. 재배 현황
2. 재배 품종의 특징
3. 영지버섯의 재배 환경
4. 재배사 건축 기준
5. 재배법
6. 병해충 방제
7. 수확 후 관리 및 기능성

01 재배 현황

영지버섯(*Ganoderma lucidum* Fr. Karst)은 민주름버섯목 원숭이안장버섯과 불로초버섯속에 속하는 버섯으로 자연에서는 6~7월 고온기에 활엽수 고사목에 자생하는 목재부후균이다. 영지버섯은 갓과 대표면의 빛깔에 의하여 적지, 흑지, 자지, 청지, 황지, 백지의 6종으로 분류하고 있으며 분류학적으로 60여종이 보고되고 있다. 이 버섯은 본초강목 등에 서술되어 있는 바와 같이 예부터 한방 약재로 이용되어 왔다.

인공 재배법이 개발되기 전에는 야생 영지를 채취해 이용함으로써 그 양이 극히 제한되어 널리 보급되지 못하였으나, 1980년대 농촌진흥청에서 톱밥 및 원목을 이용한 인공재배법이 개발 보급되면서 새로운 농가 소득 작물로 부각되었다. 그러나 중국산 버섯의 수입과 국내가격의 하락, 노랑곰팡이병에 의한 생산성 감소로 수익성이 낮아지면서 버섯재배 면적은 1994년 이후 계속 감소되었으며, 2011년도에는 23ha에서 282t이 생산되었다.

〈표 2-1〉 영지버섯 재배 면적 및 생산량

년도	1990	1995	2000	2005	2010	2011
재배 면적(ha)	103.8	432.6	110	91.5	26	23
생 산 량 (t)	810	1,126	653	448	650	282

재배면적이 급속도로 감소했음에도 불구하고 가격은 하락해 수지타산이 맞지 않았던 버섯이나 몇몇 농가에서 꾸준히 생산해 판매하고 일정 양의 버섯이 수입돼 국내시장을 유지해왔다.

그러던 차에 베트남과 미국 등지에 버섯이 수출되기 시작하면서 국내 물량이 부족해지고 수입 물량은 감소해 국내 가격이 상승하는 추세이다. 베트남 수출이 가장 많았으나 점차 일본 수출이 증가하고 베트남은 감소하고 있다.

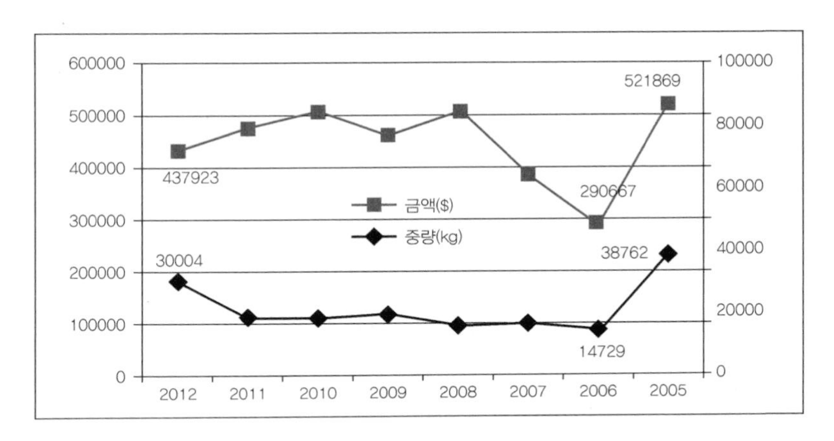

〈그림 2-1〉 연도별 영지버섯 수출 물량 및 수출액

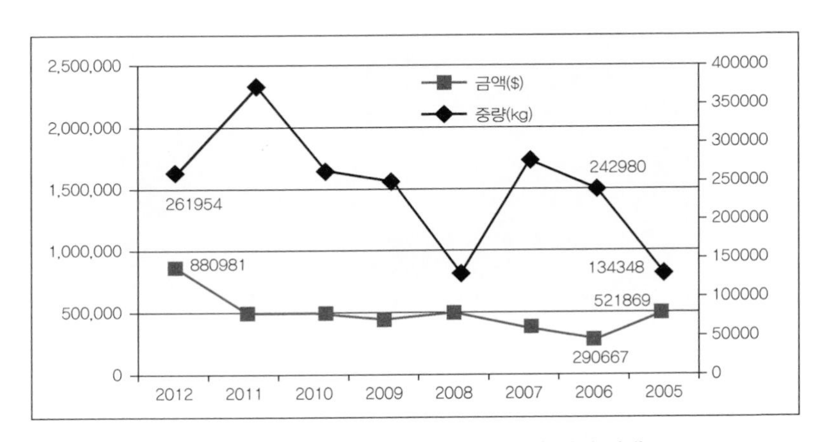

〈그림 2-2〉 연도별 영지버섯 수입 물량 및 수입액

우리나라의 영지버섯 수출은 물량으로는 베트남이 가장 많고, 수출액으로는 일본이 많으며, 수입은 중국으로부터 가장 많다.

〈표 2-2〉 우리나라 영지버섯 수출국별 수출량 및 수출액(2012)

국가명	수출		수입		수지
	물량(kg)	금액(USD)	물량(kg)	금액(USD)	금액(USD)
대만	100	226	0	0	226
미국	0	0	1	13	−13
베트남	7,935	195,944	700	6,300	189,644
일본	5,800	239,988	0	0	239,988
중국	10	336	111,840	397,169	−396,833
튀니지	2	7	0	0	7
합계	13,847	436,501	112,541	403,482	33,019

국제경쟁력을 높이기 위해서는 전체적인 생산량 증대와 안전성 높은 고품질 버섯 생산, 생산비를 절감할 수 있는 기술개발 등이 요구되고 있다. 영지버섯은 약용뿐만 아니라 관상용으로도 적용 분야를 넓혀가고 있다.

〈그림 2-3〉 영지버섯을 관상용으로 활용한 예

02 재배 품종의 특징

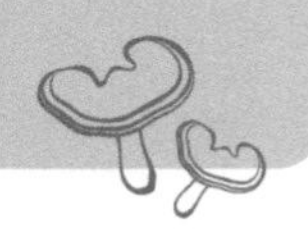

영지1호

영지1호는 1985년까지 수집된 17개 균주에 대한 계통선발 시험을 통하여 수량이 많고 편각지(갓과 줄기를 모두 형성하는 것)인 버섯을 선발한 것으로 1986년부터 농가에 보급하였다.

〈표 2-3〉 영지 1호의 특성 (병재배)

품종명	발이율 (%)	초발이 소요 일수 (일)	수량 (g/병)	대길이 (㎜)	갓 크기 (㎜)	형태
영지 1호	94.4	11	22	41	77×44	편각지

〈그림 2-4〉 영지 1호의 자실체 특성

톱밥 병재배 시에 균사배양이 완성된 후 모래에 매몰하여 버섯이 발생할 때까지의 기간은 약 10일, 수확까지는 약 45일이 소요된다. 버섯 1개의 평균 무게는 20g 정도이고, 갓의 크기 즉 좌우 직경은 77×44㎜이며 색깔은 다갈색을 띠고 형태는 말굽형이다. 병재배 및 원목재배용으로 사용된다.

영지2호

영지2호는 1989에서 1990년까지 수집된 균주에 대한 우량 계통 생산력 검정 및 농가 확대 재배 시험을 거쳐서 선발 보급하였다.

〈표 2-4〉 영지 2호의 특성 (원목재배)

품종명	초발이 소요 일수 (일)	생육기간 (일)	수량 (kg/3.3㎡)	갓 크기 (㎜)	색깔	형태
영지 2호	112	35	2.1	125×65	적갈색	주걱형~신장형

〈그림 2-5〉 영지 2호 자실체

농가의 재배방식(샌드위치 배양 방식)으로 원목에 종균을 접종한 이후 버섯이 발생할 때까지의 기간은 약 112일이 소요된다. 생육기간은 버섯발생일로부터 수확시기까지 약 35일이 소요된다. 갓의 좌우 직경은 125~65㎜이며, 색깔은 적갈색이고 형태는 주걱형 또는 신장형이다. 주로 원목재배용으로 이용되고 있다.

건영

영지버섯 '건영'은 2007년에서 2009년까지 선발 육성한 품종으로 우량 계통 생산력 검정 및 농가 확대 재배 시험을 거쳐서 선발 보급하였다. 생육온도 15~30℃의 고온성으로 갓 색깔은 적갈색이며, 포자 비산이 적고 고품질이며, 원목 및 톱밥재배용으로 이용할 수 있다(경상북도농업기술원 육성).

〈표 2-5〉 품종의 고유 특성

계통	균사생장 적온	버섯발생 적온	생육 적온	갓 색깔	갓 형태
건영	25°~30℃	25~29℃	26~30℃	적갈색	반원형
영지1호	25°~30℃	25~29℃	26~30℃	적갈색	반원형

〈표 2-6〉 영지버섯 자실체 특성

계통	표면 색택	갓직경 (장경, ㎜)	갓직경 (장경, ㎜)	갓두께 (㎜)	포자 비산량	경도 (㎏/㎠)	색도 (a)	암세포 억제율(%)	품질
건영	적갈색	145	73	14	+	5,300	17.9	27	상
영지1호	적갈색	124	51	11	+++	5,560	10.1	41	중

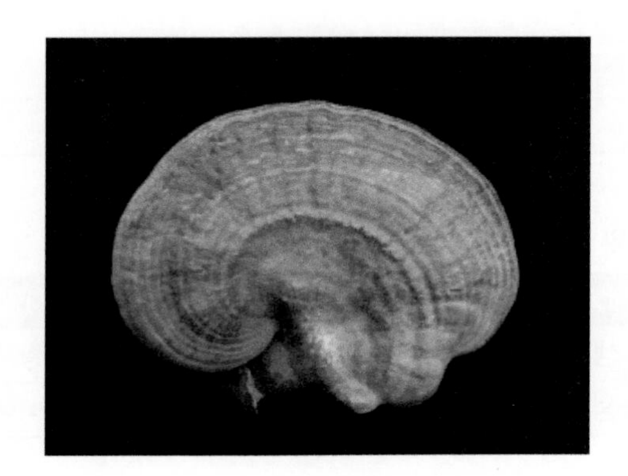

〈그림 4-23〉 잎마름증이 심하게 발생된 포장

흑룡

영지버섯 '흑룡'은 2008년에서 2010년까지 선발 육성한 품종으로 우량 계통 생산력 검정 및 농가 확대 재배 시험을 거쳐서 선발 보급하였다.

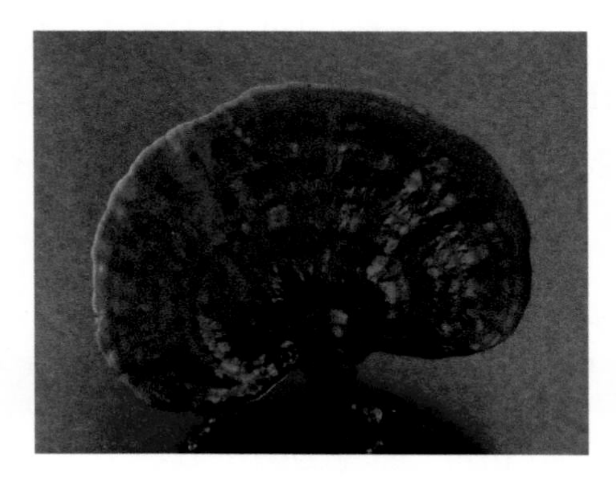

〈그림 2-7〉 흑룡의 자실체 특성

생육온도는 25~30℃로 고온성이며 자실체의 갓 색깔은 자흑색이다. 약용 및 관상용으로 쓸 수 있고, 원목 및 톱밥재배용으로 이용할 수 있다(경상북도농업기술원 육성).

〈표 2-7〉 흑룡의 재배적 특성 (원목재배)

배지조성	배양 소요 일수(일)	초발이 소요 일수(일)	건물중(g)
영지1호	55	18	115~210
흑룡(흑지)	65	26	98~175

〈표 2-8〉 흑룡 자실체의 형태적 특성

균 주	자실체발생형	단면 형태	표면 색택	이면(포자공) 색택	포자비산량
영지1호	중생형	반원형	적갈색	담황색	++
흑룡	중생형	반원형	흑갈색	황백색	+

장생녹각영지

영지버섯 '장생녹각영지'는 1998년에서 2002년까지 선발 육성한 품종으로 산발균주의 균배양적 특성 및 재배적 특성, 균상재배의 생산력 재배 시험을 거쳐서 선발 보급하였다. 이 품종은 고미성분이 강한 약용버섯으로 자실체가 녹각(사슴뿔) 형태로 관상가치가 있다. 톱밥배지에서 자실체의 형태적 특성은 대길이 17~19cm 정도, 대의 개수 15~20개, 건조중은 65g/병이다. 푸른곰팡이병 및 해충(민달팽이 및 곡식좀나방)에 보통의 저항성을 나타낸다. 자실체의 갓 색깔은 적갈색이며, 약용 및 관상용으로 쓸 수 있고, 주로 톱밥재배용으로 이용할 수 있다(충청남도농업기술원 육성)

〈표 2-9〉 장색녹각영지의 고유 특성

균 주	균사생장적온(℃)	버섯발생생장적온(℃)	갓 모양	발생 형태
영지2호	28~30	28~32	심장형, 녹각형	개체형
장생녹각	25~28	28~32	녹각형	개체형

〈표 2-10〉 병재배 장색녹각영지의 자실체 특성

균 주	생체중(g/병)	건조중(g/병)	대의 수(개/병)	대길이	자실체
영지2호	137.5	52.5	12.2	16.2	심장형, 녹각형
장생녹각	256.3	65.1	19.2	19.0	녹각형

〈표 2-11〉 봉지재배 장색녹각영지의 자실체 특성

균 주	생체중 (g/병)	건조중 (g/병)	대의 수 (개/병)	대길이 (cm)	초발이 소요 (일)	생육기간 (일)	자실체
장생녹각	644.3	116.6	48	20.0	8	92	녹각형

※ 봉지 무게 : 2500g/봉지

03 영지버섯의 재배환경

재배 시기

영지버섯은 고온기에 발생하는 버섯으로 외기 온도가 알맞아야 관리가 용이하고, 생육이 양호하며, 생산비가 절감되는 등 재배에 유리하다. 영지버섯 재배 적기는 지역에 따라 다소 차이가 있으나 4월부터 10월까지가 적합하다. 재배 적기는 중부지방 기준으로 4월 중·하순에 시작하여 6월 하순에 수확하고, 2회 재배는 8월 중순에 시작하여 10월 중순에 수확할 수 있도록 재배하는 것이 바람직하다.

균사 배양 및 생육환경

영지버섯 균은 고온성 버섯균으로 생육 단계에 따라 온도, 습도, 환기, 빛 등의 조건이 다르다.

가. 온도

균사생장 온도 범위는 10~38℃이며, 최적 온도는 25~32℃이다. 그러나 35℃ 이상과 10℃ 이하에서는 균사 생장이 현저히 감소한다. 그리고 자실체 발생 및 생육 시의 최적 온도는 27~32℃이며 이보다 높거나 낮으면 생육이 지연되고, 특히 낮은 경우에는 갓이 형성되지 않고 기형 버섯이 많이 생기게 된다

〈표 2-12〉 배양 온도에 따른 영지버섯 균사생장 비교

배양 온도(℃)	10	15	20	25	30	35
균사생장 (mm/15일)	8	18	71	71	155	17

나. 수분 함량 및 습도

원목 재배 시 균사생장에 알맞은 수분 함량은 42~45% 내외가 알맞으며 원목의 수분이 이보다 많으면 균사 생장이 불량하다. 버섯이 발생할 때나 버섯대가 생육할 때는 실내 습도를 90% 내외로 유지하여야 하며, 버섯 갓이 생육할 때에는 실내 습도를 70~80%로 유지하여야 갓이 쉽게 형성되며 버섯 표면에 굴곡이 적게 된다.

다. 광도

영지버섯은 균사생장 시에는 빛이 없어도 균사생장에 영향을 받지 않으나 자실체 생육 시 빛이 필요하다. 버섯발생 및 생육 시 50~450Lux 정도의 빛이 필요하나 직사광선보다는 산광이 좋다. 광량이 많으면 버섯대가 짧아지고 갓의 형성이 빠른 반면 광량이 부족하면 대가 길어지고 갓의 형성과 생육이 지연된다.

라. 환기

영지버섯은 균사생장 시 다른 버섯보다 산소 요구량이 크지 않으므로 특별히 많은 양의 산소를 공급하지 않아도 된다. 버섯 발생 초기에는 소량의 환기가 필요하지만 갓이 형성될 때부터 생육할 때는 많은 양의 환기가 필요하다.

마. 산도

균사생장은 산도 4.2~5.3 범위 내외에서 가장 양호하므로 종균제조와 톱밥 재배 시에 산도를 알맞게 조절하여야 한다.

〈표 2-13〉 배지 산도별 영지버섯 균사 생장 비교

산 도 (pH)	4.2	5.3	6.2	7.0	8.0
균사 생장 (㎎/15일)	306	308	56	16	12

04 재배사 건축 기준

장소 선택

재배사를 짓는 장소는 버섯재배에 필요한 재료 및 인력의 공급이 용이하고, 햇볕이 잘 들며 배수가 잘돼야 한다. 저지대나 습한 곳은 피하고, 급수가 가능한 곳을 선택하는 것이 좋다. 그리고 재배사 주위에 병원균의 오염원이 없는 장소가 좋다.

재배사 구조

가. 재배사 크기

재배사 크기는 재배 장소의 위치, 인력 동원 능력에 따라서 결정할 수 있으나 1동당 재배사 면적 50~100평 내외가 관리하기가 편리하다. 재배사 크기가 1동당 100평 이상이 되면 버섯 생육 도중 환기가 불량하여 병 발생이 심하며 너무 작으면 건조가 심하여 수분 관리에 많은 어려움이 따르게 된다.

나. 재배사 설비

재배사 골조는 직경 21mm인 원형파이프나 40×20mm인 4각 파이프를 사용하여 양쪽 측면은 높이 130㎝, 중앙 부위는 높이 220~310㎝가 되게 골조를 세우고 칸막이는 사이가 70~80㎝ 되도록 시설한다. 재배사 보온재는 제일 먼저 0.04mm 비닐을 덮고 그 위에 카시미론 8온스(2.2×27m) 제품을 2~3겹 덮은 후 다시 비닐을 덮고 그다음 차광률이 85%인 차광막을 덮는다. 여름철 이상고온 발생 시 온도 조절을 위해 재배사 위에서 30~100㎝ 공간을 두고 차광막을 다시 설치하면 고온 피해를 방지할 수 있다.

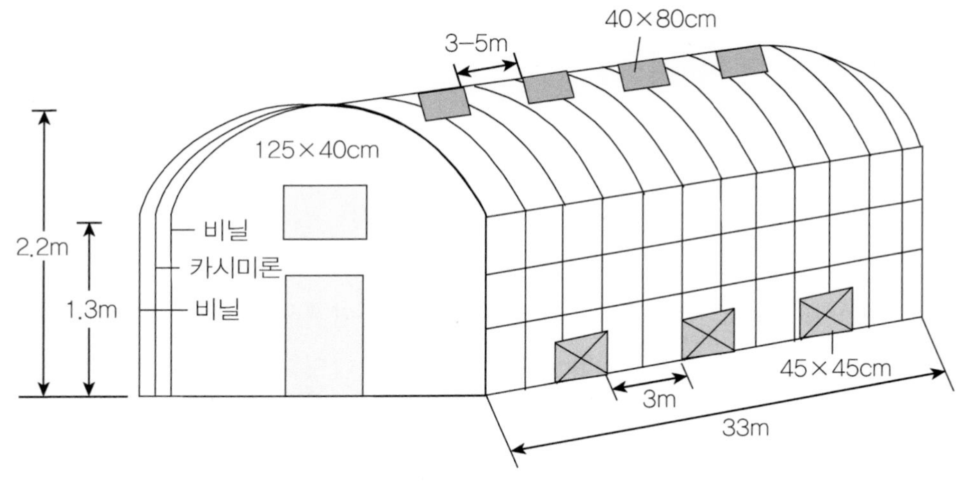

〈그림 2-8〉 영지버섯 재배사

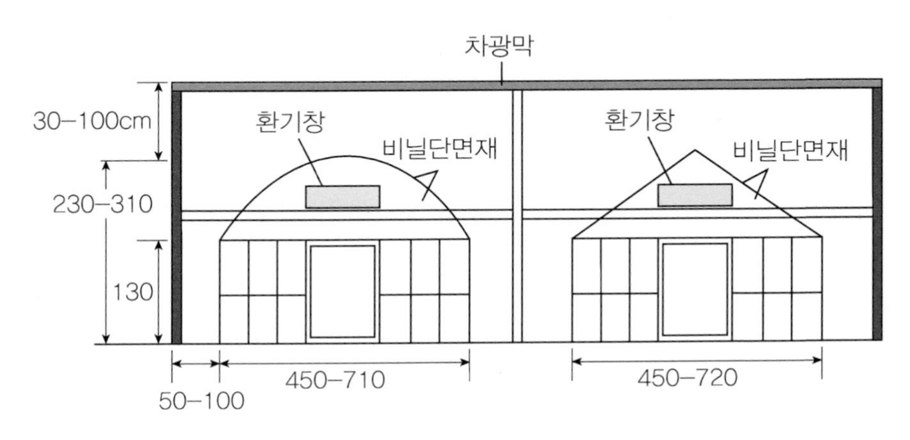

〈그림 2-9〉 영지버섯 재배사 평면도

재배사 내에서 작업을 용이하게 하기 위해서는 재배사 앞과 뒤에 출입문을 만들고 출입문 옆에는 환기창 (125×40㎝)을 설치하며 측면에는 3~4m마다 45×45㎝ 크기의 흡기구를 1개씩 설치하여 환기에 불편하지 않도록 하여야 한다. 그리고 버섯 생육 시 재배사 습도 및 배지 수분 관리를 위하여 재배사 내에 관수시설을 설치하는 것이 필요하다.

05 재배법

영지버섯을 기르는 방법은 크게 원목재배법과 톱밥재배법으로 구분된다. 원목재배법에는 장목재배법과 원목의 길이를 짧게 절단하여 재배하는 단목재배법이 있다. 한편 단목재배법은 살균하지 않고 균을 배양하는 기존 방법을 개량하여 내열성 필름에 넣어 열처리한 다음 균을 접종하여 배양하는 개량 단목재배법이 있다. 재배 방법 간에는 각각의 장단점이 있으므로 선택은 지역의 특성, 시설 그리고 경제성 등을 고려하여 결정하는 것이 바람직하다.

단목재배

이 방법은 원목의 균사배양 기간이 2~3개월 소요되며 접종 당년에 버섯이 발생한다

가. 원목의 선택

영지재배에 가장 알맞은 수종은 참나뭇과에 속하는 상수리나무, 졸참나무, 갈참나무이며, 재배가 가능한 수종은 매화나무, 복숭아나무, 벚나무, 오리나무 등이다. 원목수종별 영지버섯 재배 시 수량성은 다음과 같다.

〈표 2-14〉 원목의 종류와 영지버섯 수량

수 종	균사 생장 (㎠/90일)	초발이 소요 일수 (일)	발 이 율 (%)	수 량 (g/30토막)
밤나무	48	91	71	642
벚나무	50	42	78	730
버드나무	30	105	14	45

수 종	균사 생장 (㎠/90일)	초발이 소요 일수 (일)	발 이 율 (%)	수 량 (g/30토막)
아카시아	20	108	7	13
오리나무	42	80	86	1,070
상수리나무	40	78	78	1,660

나. 원목 벌채 시기 및 건조

가을 단풍이 들 때부터 이듬해 물이 오르기 전까지 나무를 벌채한 후 원목을 120~150cm로 절단하여 정(井)자 모양으로 약 50여 일 동안 쌓아 두고 원목의 수분 함량이 42~45% 되게 건조시킨다. 그렇게 하지 않으면 종균접종 후 맹아가 발생해 균사생장이 불량하다. 이때 직사광선이 직접 닿지 않도록 주의해야 한다.

원목 건조

맹아 발생

〈그림 2-10〉 원목 건조 및 원목의 맹아 발생

다. 종균 선별

현재 농가에 보급되고 있는 품종은 영지1호와 영지2호가 있다. 영지1호는 섬유소분 해력이 강하여 균사 활착이 용이하고 영지2호는 영지1호보다 버섯 생장 온도가 3℃ 높아 고온기 재배에 적합하며 영지1호보다 품질이 우수하다. 종균 선택은 버섯 발생의 양 과 품질에 큰 영향을 주게 된다.

우량 종균을 선택하기 위해 고려해야 할 사항은 다음과 같다. ①품종 고유의 특성을 유지하여야 한다. ②균의 활력이 좋은 종균을 선택한다. ③ 균사 배양 기간 중

고온 피해를 받지 않은 종균이어야 한다. ④ 균사의 색은 백색이다. 따라서 청색, 검은색, 황색 등이 보이는 종균은 노쇠했거나 잡균에 오염된 것이므로 선택해서는 안 된다. ⑤ 균사의 색이 연황색 또는 황갈색으로 변하였거나 유리수분이 종균 병 내부 아랫부분에 고이는 것은 노화된 종균이므로 선택해서는 안 된다. ⑥ 배지의 수분 함량이 60~65% 범위인 종균을 사용하고 이보다 수분 함량이 적은 종균은 사용하지 말아야 한다. 그리고 배양소로부터 구입한 종균을 바로 사용하면 별문제가 되지 않으나 부득이한 사정으로 작업 과정이 늦어지면 종균을 보관하게 된다.
종균은 가급적 차고 어두운 장소에 보관하여야 하며, 포개 쌓기를 하지 말아야 한다. 또한 직사광선과 습한 장소는 피하여야 한다.

라. 재배 과정

(1) 균 접종 준비
원목 절단을 위하여 기계톱이나 모터 톱을 1~2개 준비하여야 하며, 보온 보습을 위한 거적은 평당 1매, 비닐은 두께 0.03 mm, 폭 1.8 m짜리를 준비하고, 원목을 지면에 쌓기 위하여 깨끗한 모래를 준비한다. 그리고 종균은 원목 3~4 토막당 1병 정도 준비한다.

(2) 원목 자르기 및 접종
영지버섯의 균사 배양 완성률을 높이기 위해서는 종균 접종 시기를 잘 선택하여야 한다. 일반적으로 잡균의 발생률을 낮추기 위하여 1~2월에 접종하는 것이 안전하다. 원목 절단 장소는 직사광선이 직접 닿는 곳은 피해야 한다.
원목은 길이 20cm 내외로 자르는 것을 원칙으로 하나 굵기에 따라 가감하여야한다. 또한 접종작업 시 신속하게 토막을 쌓기 위하여 순서가 흐트러지지 않도록 하며, 균 배양기간 중 건조를 방지하는 게 좋다.
종균 접종 장소로 기존 버섯 재배하던 곳이나 유기물이 많은 장소를 사용하는 경우는 바닥에 비닐을 깔고 그 위에 모래나 마사토를 5~10cm 펴고 접종하는 것이 좋다. 신규 재배사는 비닐을 깔지 않고 직접 모래를 펴고 접종할 수 있다. 종균을 접종할 장소는 원목 넓이만큼 모래 위에 종균을 펴고 절단된 원목을 놓는다. 종균 접종 요령은 원목 굵기가 25 cm 이상 되는 경우 가장자리 부분에는 종균을 굵은 덩어리 형태로 놓아두고 원목 중심부분은 잘게 부수어진 종균으로 접종하여야 균사 생장이 양호하게 된다.

〈그림 2-11〉 종균 접종 및 단목 쌓는 방법

이때 최상부 위에도 종균을 펴고 원목 절단 시에 남은 나무판을 올려놓고 누른다. 원목은 높이가 100 cm 이내가 되도록 4~5토막만 쌓는다. 높이가 이보다 높아지면 상·하부의 온도 차이 때문에 균사 배양이 어렵게 된다. 접종된 원목은 서로 닿지 않도록 해야 한다. 원목과 원목 사이가 15~20cm 정도 떨어져야 산소공급이 용이하고 온도관리가 편리하다. 단목을 일단 쌓은 뒤에는 움직이거나 넘어지지 않도록 고정한다. 접종이 완료되면 즉시 물을 축인 거적이나 카시미론을 덮고 그 위에 비닐을 덮는다.

〈표 2-15〉 접종 시 원목 쌓는 방법과 균사 생장

원목 쌓는 방법 (열)	접종량 (토막)	균사배양량 (토막)	활착률 (%)	잡균발생률 (%)
3	137	89	64.9	35.1
6	212	98	46.2	53.8
9	356	130	36.5	63.5

(3) 균사 배양

종균 접종이 끝나면 원활한 균사 생장에 필요한 온도와 습도를 유지하여 균이 잘 자랄 수 있도록 재배환경을 조절하여 주어야 한다. 원목의 온·습도를 유지하는 방법은 먼저 거적을 덮고 그 위에 비닐, 보온덮개를 피복하고 외부는 차광막을 씌우는 것이 가장 좋다. 종균 접종 후 7~8일이 경과되면 버섯 균의 생장과 함께 호흡열이 발생하여 온도가 상승하게 된다.

〈표 2-16〉 상수리나무 원목의 균사 배양 온도와 배양률

조사 내용	균사 배양 온도(℃)		
	10	15	20
접종량(토막)	100	100	100
배양완성률(%)	45	67	50
잡균발생률(%)	55	33	50

이때부터 약 20일 동안은 접종된 원목 상단 부위의 온도를 20℃ 이내로 유지하여 잡균의 발생을 억제하여야 한다. 균사 배양 초기에는 습도 유지가 대단히 중요하므로 비닐 내부 즉 원목 토막이 있는 주위는 습도가 85~90%가 유지되게 하여야 한다. 한편 균사 생장 기간 중 계속 밀폐된 상태로 관리하면 산소, 온도, 습도 등의 환경 요인이 불량하여 균사 생장이 지연되거나 균사의 활력이 약화되므로 하루 중 온도가 높은 시간에 15~20분간, 1~2회 비닐을 걷어주어 비닐 내부에 있는 열을 발산시킴과 동시에 신선한 공기를 넣어준다. 이때 지면의 모래나 거적 등에 물을 뿌리고 비닐을 덮어 습도가 유지되도록 한다.

〈표 2-17〉 원목 균사 배양 시 보습 방법별 균사 활착률(농기연, 88)

조사 항목	보습 방법			
	거적+비닐	신문지+비닐	신문지+거적	비 닐
활착률(%)	70.4	69.6	65.5	55.7
잡균발생률(%)	29.6	30.4	34.5	44.3

(4) 버섯 발이 유도 방법

원목 내에 균사가 완전히 자란 후에는 버섯 발생을 유도하기 위하여 땅에 묻는(매몰) 방법과 묻지 않는(무매몰) 방법이 있다.

○ 매몰 방법

원목을 땅에 묻기 전에 균 배양 기간 중에 건조된 수분을 충분히 보충한다. 그다음

에 토막을 분리하여 즉시 묻기 작업을 한다. 토양에 매몰하는 시기는 자연조건에서 5~8월 초까지 가능하다. 매몰 장소는 배수가 잘 되는 곳을 택하여 미리 지면을 평평하게 고르고, 원목을 지면에 놓을 때는 단목 표면의 접종원을 제거하고 균사가 잘 자란 면이 위로 향하도록 한다. 원목과 원목 사이는 원목의 직경만큼 띄우는 것이 관리나 품질 향상 면에서 유리하다. 토막을 묻을 때는 땅을 고르고 나서 균사 생장이 양호한 쪽을 위로 하여 원목을 15~20cm 간격으로 세워놓고 그 사이는 오염이 되지 않았고 배수가 잘되는 흙(사양토)으로 2/3 정도 채운 후 깨끗한 모래로 원목 위 2 cm까지 덮는 방법과 덮지 않는 방법이 있다. 어느 쪽을 택하여도 좋으나 배지의 수분 관리 면에서 매몰하는 것이 바람직하다.

〈그림 2-12〉 원목 매몰 시기 및 방법

○ 무매몰 방법

균사생장이 완료된 원목을 땅에 묻지 않고 일정한 간격으로 간이 재배사나 시설 재배사의 지면에 배열하거나 균상을 만들어 그 위에 놓고 버섯 발생을 유도하는 방법이다.

(5) 버섯 발생 및 생육 관리

원목 묻기를 마치고 모래 표면의 마른 부분이 젖을 정도로 매일 2회 정도 관수하여 실내 습도를 90~95%까지 높이고 실내온도를 26~32℃로 유지한다. 대체로 빠르면 1주일 후부터 버섯이 형성되기 시작한다. 초기 관리 시 물을 너무 많이 주면 버섯 발생이 지연될 뿐만 아니라 잡균 발생이 심하고 영지버섯 균사가 질식 사멸하게 되는 경우가 있으므로 관수는 소량씩 자주 하여야 한다.

버섯이 많이 발생하면 일정한 간격을 두고 솎아내야 한다. 대체로 10~15cm 간격으로 솎아 4~5개만 남긴다. 버섯대가 4~5cm 자라 갓이 형성될 때 온도가 적온보다 높아 34℃ 이상이 되면 생장이 중지되며 이것이 반복되면 생장점이 딸기 모양으로 되고 생장이 정지되어 그 이후부터는 온도가 적온이 되어도 자라지 못한다. 버섯대가 어느 정도 자라면 생장점이 대보다 굵어지기 시작하며 갓이 형성된다. 생장점이 굵어지면 이때부터 실내 온도와 습도 변화가 심하지 않은 범위 내에서 환기를 많이 하여 갓 형성을 촉진시킨다. 이때 환기가 부족하면 갓이 형성되지 않고 2~3일 사이에 대가 2~3개로 갈라져 생장하여 품질이 저하된다. 그리고 원목재배는 버섯대가 너무 길어지기 쉬우므로 2~3cm 정도 자라면 환기를 시작하여 갓 형성을 촉진시켜야 한다. 이때부터 실내 습도는 버섯이 발생할 때와는 달리 70~80%로 낮게 유지하여야 한다. 버섯 생육 시 실내 습도가 과다하면 버섯대 및 갓 표면에 불규칙하게 요철이 생겨 품질이 저하되므로 특별히 습도 조절에 주의하여야 한다.

(6) 수확 및 건조

버섯이 어느 정도 자라면 갓 주변 부위에 있는 백색의 생장점이 점차 줄어들어 황색으로 변하며 포자가 날면서 버섯 두께는 계속 두꺼워진다. 이때부터는 관수를 중지하고 실내 습도를 40~50%로 낮추기 위하여 계속 환기를 하여야 하며 실내 온도 역시 24~32℃ 범위 내에서 변화를 주며 관리하여야 갓이 두꺼워진다. 이렇게 관리하고 일반적으로 10~15일 경과 후 갓 뒷면에 노란색이 있을 때 수확하여야 상품성이 좋다. 또한 버섯 수확 7~8시간 전에 관수를 하여 갓 표면에 쌓여 있는 포자를 약간 제거한 다음 수확하면 건조한 버섯의 포장 시 포자에 의한 상품 손상을 줄일 수 있다. 수확 시기가 늦어질수록 버섯 뒷면의 색이 노란색에서 흰색으로 변하고 더욱 더 오래두면 회색으로 변한다. 건조 시에는 공중 습도를 낮추고 말려야 갓 뒷면의 황색이 변색되지 않는다. 열풍기 사용 시 초기에는 40~45℃ 정도로 1~2시간 유지 후 1시간에 1~2℃씩 상승시켜 버섯이 완전히 마른 후 마지막으로 60℃ 정도의 온도에서 2시간 정도 건조시킨다. 이때 온도만 생각하고 초기부터 밀폐시킨 상태에서 건조시키면 갓 표면이 검붉은 색으로 변하여 상품가치가 저하되므로 주의하여야 한다.

개량 단목재배

이 방법은 기존 단목재배 방법의 단점을 보완하여 균사 활착 기간을 단축시키고 잡균 발생률을 감소시키며, 연중 원목배지를 생산할 수 있는 방법이다. 단목재배법과 중복되는 부분은 생략하고, 차이점을 비교하여 서술하였다.

가. 특징

개량 단목재배 방법은 벌채된 원목을 건조 또는 벌채와 동시에 15~20cm의 길이로 자른 다음 내열성 비닐로 피복하여 살균을 하고 종균을 접종한 후 배양하여 재배사에서 버섯을 발생시키는 방법이다. 이 방법은 종균소요량이 적으며 균사 배양기간이 단축될 뿐만 아니라 배지 완성률도 높은 장점을 가지고 있다. 그러나 단목재배보다 초기 시설 투자가 많이 소요되는 단점이 있다. 기존의 단목재배 방법과 다른 점은 다음과 같다.

〈표 2-18〉 기존 방법과 개량 단목재배법 비교

구분	단목재배	개량 단목재배
o 기본 시설		
– 살균기	필요 없음	필요함
– 배양실	〃	〃
– 무균실	〃	〃
o 건조 과정	필요함	필요 없음
o 살균 과정	필요 없음	필요함
o 비닐 피복	〃	〃
o 종균소요량	500 Lbs/50평	50 Lbs/50평
o 균사 배양 기간	4개월	1.5~2개월
o 종균 접종 방법	단면 접종	종균 주입구 형성틀 이용
o 배지 제조 가능 시기	1~3월	연중
o 균배양 완성률	81%	97%

나. 기본시설

원목배지를 열처리할 수 있는 시설 즉 고압살균기(0.2t) 또는 상압살균기와 살균된 원목을 냉각시킬 수 있는 냉각실이 있어야 한다.

그리고 살균된 원목배지에 무균적으로 종균을 접종하기 위하여 무균실이나 무균상(clean bench)이 필요하고 접종된 원목배지 내에 균사 생장이 원활히 될 수 있도록 실내 온도를 23±2℃로 유지할 수 있는 배양실이 있어야 한다.

다. 재료 준비

절단된 원목을 넣어 살균할 수 있는 내열성 비닐(PE 또는 P.P)을 1.2~1.5m 정도로 절단하여 중앙을 매듭지어 2겹의 봉지를 만든다.

마개 마개형틀 완성된 배지

〈그림 2-13〉 종균 주입구 형성틀 및 플라스틱 마개

그리고 비닐로 피복된 절단 원목 상단의 공간을 유지하여 종균 접종을 용이하게 하고 접종 후 산소 공급이 원활하도록 플라스틱으로 제작된 종균 주입구 형성틀과 마개를 준비해야 한다. 이때 종균주입구가 작은 플라스틱 파이프를 사용하는 경우도 있으나 종균 접종 후 균사 생장이 진행되면서 생장이 부진하게 되는 경향이 있다.

라. 원목배지 제조

(1) 비닐 피복 방법

개량 단목재배에 사용되는 원목의 직경이 너무 굵으면 비닐로 피복 작업을 할 때 어려움이 따르기 때문에 직경 30cm 이상인 것은 사용하지 않는 것이 좋다. 원목은 굵기에 따라 길이를 15~20cm로 절단한 다음 절단된 둘레 부분을 그라인더로 갈아낸다. 그 다음 미리 준비된 내열성 비닐봉지로 위에서 아래로 씌워 단목을 뒤집은 후 여분의 비닐을 잡아당겨 원목 측면과 비닐 사이에 공간이 많이 생기지 않도록 하면서 상부의 비닐을 오므린 다음 종균 주입구 형성틀의 내부로 비닐을 꺼내면서 형성틀이 단면 중앙에 위치하도록 한다. 그 다음 형성틀 위로 올라온 비닐을 잡아 당기면서 형성틀을 고정시킴과 동시에 비닐을 바깥쪽으로 젖히고 플라스틱 마개를 한다. 특히 배지 제조 시 비닐이 파손되지 않도록 주의하여야 한다.

(2) 원목 살균 방법

○ 고압살균법

이 방법은 고압 수증기를 사용하기 때문에 짧은 시간 내에 배지를 살균할 수 있는 장점이 있다. 살균 방법은 살균기에 수증기를 주입하면서 살균기 내부의 온도가 108℃까지 올라가는 동안 적당량 계속 배기를 하거나, 배기를 하지 않은 상태에서 온도를 108℃까지 올린 후 10~15분간 배기를 한 다음 121℃에서 40분간 살균한다. 이때 주의해야 할 점은 살균 중에도 조금씩 계속 배기를 해주어야 한다는 것이다. 배기를 갑자기 실시하면 종균주입구의 뚜껑이 열리는 경우가 생긴다. 또한 고압살균 시 살균기 내 원목을 쌓는 방법은 선반형 운반 대차를 이용하는 것이 편리하다. 살균이 끝난 후에는 자연적으로 압력이 떨어진 다음 살균기 문을 열고 배지를 꺼내 접종실로 옮긴다.

○ 상압살균법

상압살균은 고압살균에 비해 살균 시간이 오래 걸려 작업 능률이 떨어지고 연료 소비량이 2배 정도 더 소요되는 단점이 있으나 시설비가 절감되고 보일러 취급 시 법적 제재를 받지 않는 장점도 있다. 이 방법은 살균기 내의 온도를 98~100℃로 유지하면서 배지를 살균하는 것이며 상압살균 시에도 배기는 조금씩 계속하여야 한다. 살균 시간은 100℃에서 7~9시간을 유지하고 그 다음 접종실로 옮겨 냉각시켜서 접종 작업을 한다.

○ 간이 열처리 방법

살균시설이 없는 경우 재배사 바닥에 파렛트를 놓고 바닥에 비닐이나 보온덮개 등을 깔고 그 위에 원목을 쌓은 후 보온덮개, 비닐 등으로 완전히 밀봉한 다음 스팀살균기를 이용하여 수증기(스팀)를 주입한다. 일반적으로 98℃ 이상으로 살균하는데 보통 15~35시간 정도 실시한다.

마. 종균 접종 및 배양

살균이 끝난 배지는 종균을 접종하기 전에 반드시 온도를 점검하여 25℃이하일 때 접종 작업을 실시해야 하며, 종균을 접종할 때는 무균상이나 무균실을 이용한다. 무균실의 구비 조건은 외부의 오염된 공기가 들어가지 못하도록 해야 하며, 가능한 한 온도를 15℃ 이하로 하고 건조하게 관리하는 것이 잡균 오염률을 감소시킬 수가 있다. 무균실 사용 시에는 접종 하루 전에 청소를 하고 알코올 등으로 훈증을 한 후 사용한다. 무균상을 이용할 경우에도 자외선 등을 미리 켜 놓아야 하며, 종균 접종 전 살균등을 끄고, 무균상 내는 70% 알코올로 깨끗이 닦아내야 한다. 종균 접종이 계속되는 동안에는 공기 여과 팬을 계속 작동시킨다.

균접종은 종균을 원목배지 1개당 10g씩 접종하는데 접종원이 단면 상단에 고루 퍼지도록 하는 것이 균사 생장이 빠르다. 이때 접종스푼은 접종 전에 화염소독을 하고, 접종이 계속되는 동안에도 수시로 화염 살균 후에 사용한다.

〈그림 2-14〉 균사 배양 후 원목배지 및 매몰 광경

접종이 완료된 것은 20~25℃ 내외로 조절이 가능한 배양실이나 재배사에 옮겨 균사가 원목 내에 생장하도록 한다. 균사 배양 기간은 원목의 크기에 따라 약간 차이는 있으나 보통 1.5~2개월이 소요된다.

바. 버섯 발생 및 관리

균 배양이 완료된 배지를 토양에 묻는 매몰 재배 방법과 토양에 묻지 않는 무매몰 재배 방법이 있다.

원목을 땅에 묻지 않을 경우 피복하였던 비닐을 완전히 제거하는 방법과 원목 상단 부위와 높이가 같도록 비닐을 절단하는 방법 그리고 비닐이 상단부 위로 약간 올라오도록 절단한 다음 상단 단면에 모래나 마사토를 2cm 정도 덮어 버섯을 발생시키는 3가지 방법이 있다. 이들 중 비닐을 제거하지 않고 버섯을 생육시키는 방법은 배지 건조를 예방하는 효과가 있는 반면, 관수에 의하여 원목을 싸고 있는 비닐 틈 사이로 물이 흘러 들어가면서 단면 바닥에 물이 고여 균사가 약해지고 잡균에 감염될 기회가 높은 단점도 있다. 따라서 비닐 바닥에 구멍을 뚫어 바닥 면에 물이 고이지 않도록 하는 것이 바람직하다. 버섯 발생 후 생육관리부터 수확, 건조까지는 단목재배법의 관리 방법에 준한다.

〈그림 2-15〉 무매몰 및 매몰 재배 시 버섯 발생 광경

장목재배

영지버섯 재배 방법의 하나로 표고버섯 재배 방식과 유사하게 원목에 일정 간격으로 구멍을 뚫고 종균을 접종 배양한 후 매몰 재배 방식에 의해 버섯을 기르는 방법으로 절단 인건비를 줄이기 위하여 농가에서 많이 사용되고 있다.

가. 원목 준비

장목재배용 원목의 직경은 15~20cm 범위의 것을 사용하는 것이 여러 가지 측면에서 편리하다. 원목은 보통 90~120cm로 절단하여 통풍이 양호하고 그늘진 곳에서 건조시킨다. 원목의 수분 함량이 42~45% 내외가 되도록 조절하여야 하며, 원목의 굵기, 건조 때의 기상조건에 따라 다르나 개략적으로 벌채한 후 음지에서 40~60일 정도 말리면 된다.

〈그림 2-16〉 접종 전 장목의 준비 및 간이살균

나. 종균 접종 및 균사생장 관리

종균을 접종하기 위해서는 원목에 구멍을 뚫어야하는데 이때 사용되는 드릴의 회전 속도는 1분에 6,000~10,000 정도인 것이 작업 능률이 높다. 또한 구멍 깊이는 원목의 굵기에 따라 차이가 있으나 원목 직경 15cm를 기준으로 하였을 때, 구멍 직경은 15~20㎜ 정도, 깊이는 25㎜가 적당하다.

〈표 2-19〉 원목의 굵기와 접종 구멍 수 비교

구분 \ 원목 직경	10cm	15cm	20cm
구멍수(개)	23~27	32~41	45~54
구멍 깊이 (mm)	20	25	30~40
종균량 (g/토막)	40~50	60~80	80~100

종균 접종 구멍 뚫기는 상단 절단면에서 5cm 떨어진 곳부터 시작하며, 10~15cm 간격으로 뚫는다. 열과 열의 간격은 4~5cm가 적당하다. 두 번째 열은 접종 구멍 간격이 10cm인 경우 절단면에서 10cm에서 시작하여 전체 구멍 배열이 나선형이나 다이아몬드형이 되도록 하며, 특히 가지가 붙었던 부분, 벌레가 먹은 부분 주위에는 구멍을 더 뚫어 종균을 접종함으로써 원목 전체의 균사생장을 균일하게 한

다. 종균 접종 방법은 표고 접종 방법에 준하는데 기계 접종법과 인력으로 하는 방법이 있다. 종균을 접종할 때 형성층 위로 종균이 돌출되면 마개가 빠지기 쉽고, 건조될 우려가 있으며 반대로 형성층 밑으로 접종하면 균사 활착이 늦어진다.

종균 주입이 끝나면 스티로폼 마개를 하거나 파라핀과 송진을 6:4로 혼합하여 열로 녹인 다음 접종 부위에 바른다.
종균 접종이 끝난 원목은 15~20℃를 유지할 수 있는 장소로 옮겨 원목 내에 균사가 잘 생육할 수 있도록 한다. 원목 내에 완전히 균사가 자라는 데는 6개월 정도 소요되므로 자연환경 조건에 따라 철저한 관리가 필요하다.

원목을 쌓는 방법은 세워 쌓기, 정자 쌓기, 장작 쌓기 그리고 땅 지면에 붙여 두기 등 여러 가지가 있는데 기후조건, 원목의 수분 상태 등에 따라 선택한다. 원목 내에 균 배양하는 방법은 단목재배기술에 준한다.

균 배양

버섯 발생

〈그림 2-17〉 균 배양 및 버섯 발생 광경

다. 버섯 발생 및 수확

균 배양이 완료된 원목은 버섯 발생을 위하여 토양에 묻거나, 땅 표면에 눕히거나, 1/2만 매몰한다. 매몰하는 정도는 재배사의 관배수 시설 등을 고려해야 하며 일반적으로 1/2 정도 매몰하는 것이 여러 가지 관리 면에서 유리하다.
원목과 원목 사이는 굵기에 따라 차이가 있으나 보통 10~15cm 간격으로 띄우는 것이 바람직하다. 원목당 버섯 수는 7개 내외로 제한하는 것이 버섯의 품질 향상에 좋다. 첫 버섯 수확은 접종 후 5~6개월 정도 되어야 가능하며 2~3년간 수확할 수 있다.

톱밥재배

가. 장단점

(1) 장점

○ 연간 계획을 세워 안정적인 생산이 가능하다.

○ 기계화로 생산비 절감이 가능하다.

○ 노약자 활용이 가능하다.

○ 자본 회전이 빠르다.

(2) 단점

○ 시설 투자 비용이 과다하다.

○ 연중재배로 재배사 주위가 오염되어 병해충 피해를 받기 쉽다.

○ 배지 제조

나. 배지 재료

수량이 많고 품질 좋은 영지버섯을 생산하기 위해서는 병 내에 영양이 풍부하여 균사 축적량이 많고 균사의 생장 상태가 양호하여야 한다. 병 내의 균사 생장을 양호하게 하기 위해서는 톱밥, 영양원(미강 등), 물, 공기, 기타조건이 알맞아야 한다

(1) 주재료 : 톱밥

영지버섯 재배에 쓰는 톱밥으로는 〈표 2-20〉에서와 같이 참나무 톱밥이 가장 알맞으며, 다음이 오리나무, 포플러, 수양버들 등이다. 일반적으로 단단한 나무 톱밥을 쓰면 영지의 균사 생장이 늦으나 자실체를 형성하기 쉽고 버섯대가 굵으며, 갓도 두껍고 크게 자란다. 그러나 영지균이 이용할 수 없는 여러 가지 잡톱밥이 섞이면 균사가 가늘고 생장이 약하며, 자실체도 작게 되므로, 밀기울이나 쌀겨 등을 적당히 첨가하여 영양을 보충하면 많은 수량을 얻을 수 있다.

〈표 2-20〉 톱밥 성분 함량

재 료	셀룰로스(%)	리그닌(%)	탄닌(%)	pH(1:10)
참나무 톱밥	54.1	28.5	2.5	4.9
활엽수 톱밥	40.4	20.5	0.3	6.6

톱밥의 굵기도 균사 생장에 관여한다. 공극이 많은 굵은 톱밥은 통기가 좋아서 균사 생장이 빠르고, 자실체 형성도 빨라지나, 입병되는 배지량이 적고 가비중이 낮아져 보수력이 감소하므로 수량이 낮고 품질이 저하된다.

(2) 첨가재료 : 미강, 밀기울 등

영지버섯 재배 시 톱밥 한 가지만으로 균사 생장 및 자실체 발생에 요구되는 영양분을 충분히 공급할 수 없으므로 미강 등과 같은 유기태(有機態) 급원을 일반적으로 20% 정도 첨가해야 한다.

(3) 수분

배지의 수분 함량이 과다하면 산소가 부족하여 균사 생장이 늦어질 뿐만 아니라 자실체 발생이 불량해진다. 영지버섯 재배 시 톱밥배지의 수분 함량은 65~70%가 알맞으며 80% 이상과 60% 이하에서는 균사 생장이 지연된다.

다. 영지 톱밥재배의 기본과정

톱밥을 이용한 영지 병재배 과정은 여러 가지 작업을 거치는데 배지 제조, 균사 배양, 자실체 생육 및 수확의 3단계로 나눌 수 있다.

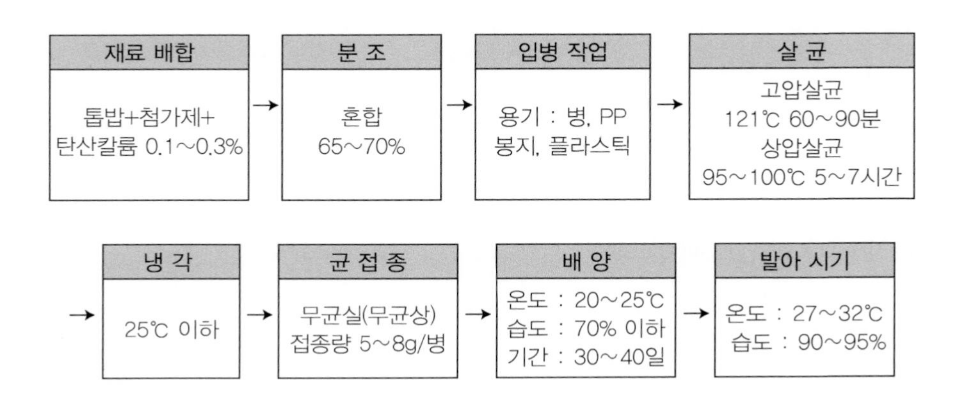

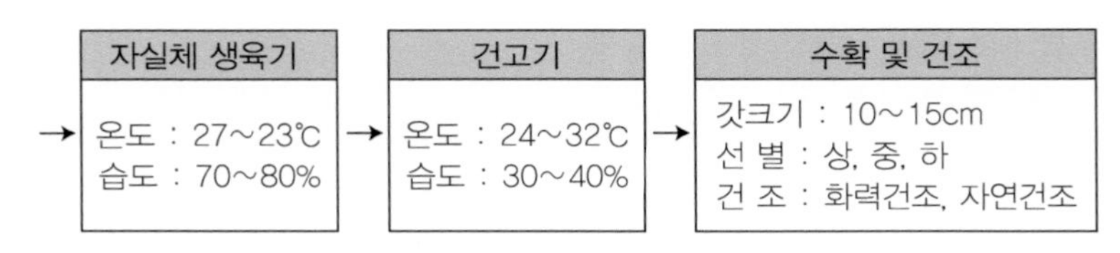

〈그림 2-18〉 영지 톱밥재배의 기본과정

(1) 재료 배합

재료 배합에 앞서 입병에 지장을 주는 불순물과 굵은 입자를 3~5mm의 체를 사용하여 모두 제거하여야만 재료 배합 때나 입병할 때 기계화가 가능하고 병 내부에 구멍을 뚫기가 용이하다. 또한 미강은 고운 체를 써서 부스러진 쌀알을 모두 제거하고 사용하는 것이 좋다. 미강은 톱밥량에 대해서 30% 첨가할 경우 수량이 가장 높으나 경제적인 면을 고려하면 20% 첨가하는 것이 유리하고, 그 외에 탄산칼슘을 0.2% 첨가한다.

이와 같이 준비된 재료를 혼합기로 균일하게 혼합하여 수분 함량이 65~70%가 되게 조절한다.

(2) 입병 또는 입봉

재배 용기는 용량이 1,000~1,200cc 정도로서 톱밥 배지가 700g 이상 들어갈 수 있는 플라스틱병 또는 PP봉지를 사용한다. 입병은 원료를 잘 배합한 후 인력 또는 입병기 또는 입봉기를 이용하여 용기에 넣는다. 입병이 완료되면 용기의 상단 표면을 눌러 평평하게 만들고 배지의 중앙에 직경 2cm 정도의 구멍을 만들며, 배지 크기가 대형인 경우에는 필요에 따라 2개 이상을 만들 수도 있다. 재배 용기는 병과 봉지를 다 사용할 수 있으나 여기서는 병을 이용한 재배법을 기준으로 기술한다.

(3) 살균

입병이 끝나면 병을 고압살균기 내에 넣고 121℃(1.2kg/㎠)에서 90분간 또는 100℃에서 6~8시간 살균한다.

(4) 종균 접종 및 균사 배양

살균이 끝난 후 병 내의 온도를 25℃ 이하로 냉각시키고, 무균상태에서 배지의 마개를 열고, 접종원을 병당 5~8g씩 접종한다. 접종이 끝나면 즉시 마개를 다시 막고, 배양실로 이동시킨다. 배양실 내의 온도는 23~25℃를 유지해야 한다. 배양 과정 중 이보다 온도가 높으면 배지에서 발생하는 자체 발열 때문에 배지 온도가 상승해 균사 생장이 억제 또는 정지되는 피해가 발생할 수 있다. 배양실 내의 습도는 60~70%로 유지한다. 그리고 균사배양 중에는 광선이 필요하지 않으므로 별도로 조명은 하지 않으나 작업에 필요한 정도의 조명시설은 필요하다. 배양실의 시설이 밀폐되어 있으므로 하루에 15~20분씩 환기를 시켜주면 균사생장이 양호하다.

(5) 톱밥배지 매몰 재배

○ 버섯 발생

균사배양이 완료된 배지를 즉시 매몰하면 버섯 발생이 불량하고 잡균 발생률이 높으므로 배양이 완료된 후 10일 정도 경과되었거나 배지 표면에 자실체의 원기(原基, 균사괴)가 형성될 때 매몰한다. 배지를 매몰한 직후부터 재배사 내 온도를 27~32℃로 조절하고, 광도는 비오는 날은 50lux, 맑은 날은 45lux가 되게 관리하면 9~12일 후에 버섯이 발생한다. 버섯의 발생은 덮은 모래의 두께에 따라서 빠르거나 늦어진다. 얕게 묻으면 발생이 빠르지만 버섯 수가 많아 품질이 불량하게 되므로 1~2개만 남겨놓고 솎아내야 한다. 너무 깊게 묻으면 버섯 발생이 늦어진다.

○ 생육 관리

버섯이 발생하여 대가 4~5cm 정도 자란 다음부터는 매일 환기량을 조절하여야 버섯의 갓이 형성된다. 기온이 높은 날에는 관수 후에 환기를 시키는데 오전 8시부터 오후 5시 사이에 환기를 집중적으로 실시한다. 갓 형성기에는 버섯 발생 때보다 실내 습도를 낮춰 70~80%를 유지하여야 하며 CO_2 농도가 0.1% 이하가 되어야 한다. 이보다 높으면 갓의 형성이 어렵고 갓이 형성된 후에도 다시 가지를 친다. 그러나 습도와 CO_2 농도와 너무 낮아지게 되면 대가 자라기도 전에 갓이 형성되며 계속 낮은 상태가 유지되면 갓의 발육도 부진하여 제대로 크지 못하고 생장이 중지되어 수량이 감소되는 원인이 된다.

(6) 무매몰 재배

○ 발이유기

배양이 완료된 배지(병 또는 봉지)를 재배사에 옮기고 균일하게 발이가 되도록 하기 위하여 재배사 내의 온·습도를 발이온도로 조절한다. 배지 상층부의 뚜껑 또는 면전(綿栓)을 제거한다. 이때 균사가 면전의 아랫부분에 붙어 잘 제거되지 않을 경우, 배지상층부의 균사층이 떨어지지 않게 주의하여 면전을 당기면서 병 구멍의 바로 위쪽 균사체를 예리한 가위로 절단한 후 절단된 균사층을 병 내부로 약간 밀어 넣어 발이를 유도한다. 배지의 배열은 병과 병 사이의 거리를 10cm 정도씩 띄어 놓는다. 실내 온도는 28~30℃, 습도는 95% 이상이 되도록 유지하고, 배지 표면이 건조하지 않게 물을 뿌려주며, 재배사 내는 밝게 관리한다.

○ 생육 시 관리

환경조건이 알맞은 상태에서 9~12일 지나면 배지 표면에 어린 버섯이 발생하여 생장하기 시작한다. 자실체의 원기(原基)가 3~4cm 정도 커질 때부터는 환기량을 서서히 늘려주면서 실내 습도를 90% 이상으로 유지하면 원기의 끝 부분이 굵어지면서 점차 커져 갓을 형성하게 된다. 버섯갓이 형성된 후의 관리는 매몰 재배법에 준한다.

〈그림 2-19〉 영지 병재배 발생 광경

(7) 수확 및 건조

원목재배법에 준한다.

06 병해충 방제

주요 병해

가. 노랑곰팡이병

영지버섯 노란곰팡이병은 재배 밀집 지역을 중심으로 발생하여 농가 소득에 상당한 손실을 입혀왔다. 병원균은 Hypomycetes에 속하는 *Arthrographis cuboidea*라는 곰팡이균으로 토양 내에 서식하면서 목재를 썩히는 목재부후균이다. 이 병원균은 균사절편이 포자가 되는 분절포자를 형성하며 재배 후기에 원목 내부에 검은 구슬 같은 많은 자낭각(子囊殼)을 형성하는 특징을 가지고 있다.

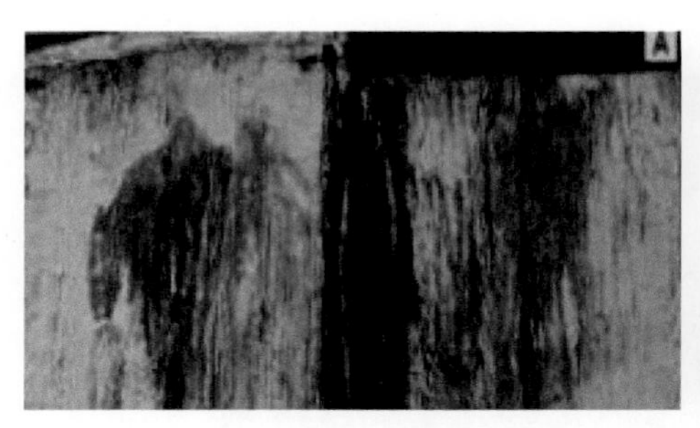

A: 영지버섯 원목 내부 감염 및 표면까지 감염

B: 원목조직 내의 자낭각 형성

〈그림 2-20〉 영지버섯 노랑곰팡이병의 병증

병해 증상은 원목에 균사를 배양할 때에는 나타나지 않으며, 버섯 발생 시에 감염된다. 초기 증상은 원목 내부에 연노랑의 얼룩을 형성하며 영지버섯 균사와 대치되는 부위에 갈색의 띠를 형성한다. 감염 후기에는 노란색이 진해지면서 원목의 조직 사이에 검은 구슬 같은 다량의 자낭각을 형성하고, 푸르스름한 색깔로 변색된다.

이 병원균은 토양 중에 서식하므로 병해 발생 후에는 토양 소독이 필요하나 실제 포장에서는 적용하기가 곤란한 방법이며, 또한 버섯이 발생하고 있는 상황에서는 버섯도 균이므로 소독이 불가능하다. 따라서 회피하는 것 외에는 특별한 방법이 없을 것으로 판단된다.

즉 한번 재배한 장소는 피하고 재배한 적이 없는 다른 장소로 이동하면서 재배하거나, 톱밥재배방법, 개량 단목재배법 등으로 병원균을 버섯균에서 격리시키는 방법으로 영지버섯 균사를 배양하여 비닐을 완전히 벗기지 않고 버섯을 발생시킴으로써 토양과 원목의 접촉을 피할 수 있게 재배하면 감염을 막을 수 있을 것이다.

나. 푸른곰팡이병

푸른곰팡이병은 인공재배를 하는 모든 버섯에서 발생하는 병으로 균사생장기에는 백색이지만 포자가 형성되면서 푸른색을 띠는 병해의 총칭이다. 이 병은 목재를 부패시키는 것은 물론 영지균사에 직접 기생하여 균사를 사멸시키거나 독소를 분비하여 균사 생장과 버섯 발생을 억제한다.

〈그림 2-21〉 푸른곰팡이병 피해 버섯

푸른곰팡이병은 균의 종류에 따라 병원성이 다르며, 이들 중 *Trichoderma* spp가 발생 빈도가 높고 피해도 가장 심하다.

이 병은 균사체에 직접 포자가 발생하여 푸른색을 띠는 것은 불완전세대(무성번식 세대)이며, 완전세대는 하이포크리아(*Hypocrea*)속에 속한다. 자연 상태의 영지목에서는 다양한 종류의 균이 발생하는데 초기에는 주로 절단면이나 표피가 제거된 부위에 자실체를 형성하며, 불완전세대와 같은 피해를 준다. 푸른곰팡이병 병원균의 생장 적온은 대부분 25~30℃이며, 습도가 높은 시기에 많이 발병하고, 적정 산도는 pH 4~5 범위이다. 병의 발생 초기에는 접종 장소, 접종 도구, 인부 등의 소독 미비와 건조, 고온 등으로 인해 원목의 절단면에 발생하며, 장마기에 환기 부족, 토양의 배수 불량, 고온 다습으로 1차로 발생하고 그곳에서 비산된 포자가 전체적으로 전염되어 대량 발생하기도 한다. 병이 발생해 영지목의 표피 내로 침투한 후에는 약제를 사용하여도 방제가 되지 않으므로 사전에 예방을 철저히 하여야 한다. 예방법은 재배사 내의 통풍을 양호하게 하고 적정 습도를 유지하며, 접종 시 작업 도구와 작업 인부의 청결에 유의하여야 한다. 푸른곰팡이병이 발생한 영지목은 즉시 제거하고, 주변을 소독함으로써 후기의 발생을 방지해야한다.

해충

충해는 자실체에 직접 가해하는 식균성 해충과 영지목을 가해하여 균의 생장에 피해를 주는 영지목 해충 두 가지로 구분한다.

주요 식균성 해충으로는 곡식좀나방, 썩은잎나방 등이 있다. 곡식좀나방은 연 3회 발생하며, 발생하는 시기는 6월 중순, 7월 중순, 9월 상순이고, 노숙유충(老熟幼蟲, 다 자란 애벌레)으로 월동한다. 피해 형태는 유충이 버섯 밑면의 자실층에 구멍을 뚫고 가해하여 상품의 가치를 떨어뜨린다.

피해를 막기 위해서는 재배사의 입구 및 환기창에 방충망을 설치하여 성충이 침입하지 못하게 해야 한다. 썩은잎나방은 곡식좀나방과 발생 시기, 월동 형태 등이 매우 비슷하며, 피해 형태는 자실층에 구멍을 뚫고 가해하기보다는 자실층의 표면을 전체적으로 식해(食害, 갉아먹음)하는 특징을 나타낸다.

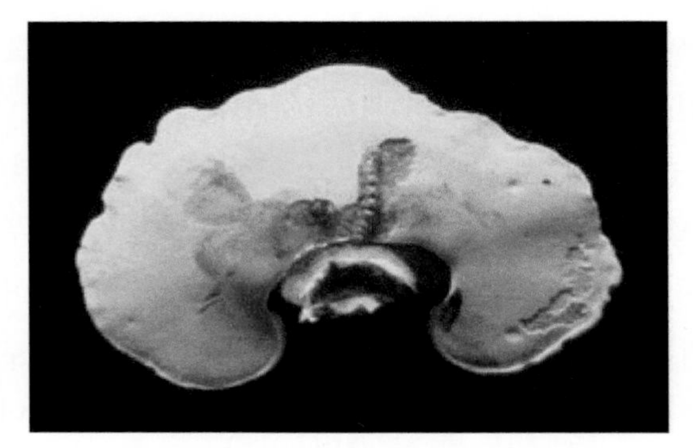

〈그림 2-22〉 유충에 의한 자실체의 피해 증상

07 수확 후 관리 및 기능성

수확 후 관리

영지버섯 포자 비산으로 갈색으로 얼룩져 있는 재배사를 깨끗이 청소하고 매몰되어 있는 원목 주변을 정리하여 이듬해 버섯 발생이 정상적으로 이루어질 수 있도록 한다. 또한 원목이 심하게 건조되지 않도록 한다. 영지는 갓의 표면에 포자가 있는 것과 수확 전 포자를 씻어 수확한 것으로 구분되며 갓의 두께가 두껍고 갓의 뒷면이 진한 노란색을 띠는 것이 고품질에 속한다.

기능성

영지는 각종 성분을 함유하고 있는데, 다당체 및 다당체 단백질 결합체와 쓴맛을 내는 테르페노이드(Terpenoid) 계통의 물질이 주요 약효성분이다. 영지의 약효성분은 ganoderic acid 등 50종이 넘는다.

영지버섯은 '혈액의 흐름을 개선'시킬 수 있는 기능성 식품으로 식품의약품안전처에 등재되어 있다. 이는 칸마쯔세 등(1985)의 연구에서 혈압이 약간 높은 사람 53명에게 자실체 열수추출물을 하루에 자실체 3g에 해당하는 양으로 27주 동안 복용하게 한 결과 혈중 피브리노겐 함량이 증가하고 콜레스테롤 함량은 감소하였다는 결과와 Tao 등(1990)의 연구에서 심장이나 심혈관계 건강이 약간 좋지 않은 33명의 사람들에게 2주 동안 섭취하게 한 결과 혈전 형성 및 혈소판 응집 속도가 유의하게 감소했다는 결과가 참고되었다.

섭취량은 베타글루칸 기준으로 24~42mg으로 복용 시 보고된 부작용은 없으나 제시된 섭취량 이상으로 과도하게 섭취하는 것은 바람직하지 않은 것으로 되어 있다.

약용버섯

천마버섯균을 이용한 천마 재배

1. 천마의 역사적 고찰
2. 천마 재배 현황
3. 천마의 생육 환경
4. 천마 재배 유형
5. 천마 자마를 이용한 무성번식 재배 기술
6. 천마종자 발아를 이용한 유성번식 재배 기술
7. 수확 및 건조
8. 식품적 가치와 효능
9. 향후 전망

01 천마의 역사적 고찰

마비(痲) 증상에 잘 듣는 하늘(天)이 내린 명약이라 하여 천마(天痲)라 하며, 생약명은 정풍초, 수자해좆, 적전 등으로 불린다. 천마는 뇌출혈, 두통, 불면증, 고혈압, 치매, 우울증과 같은 뇌 질환 즉, 인체의 하늘에 해당하는 머리에서 발생하는 질병에 특히 좋다고 기술되어 있다. 정풍초(定風草)란 천마의 싹을 말하며 바람(풍)의 기운을 억제한다는 뜻으로 중풍치료에 탁월한 효과가 있는 것으로 전해지며, 적전(赤箭)이란 천마의 꽃이 화살과 비슷하다 해서 붙여진 이름이다. 동의보감에는 천마의 성질은 뜨겁지도 차갑지도 않으면서 독이 없으며, 천마는 피를 맑게 하고, 어혈을 없애며, 담과 습을 제거하고, 염증을 삭이고, 진액을 늘리며, 피 나는 것을 멎게 하며, 설사를 멈추고, 독을 풀어주며, 갖가지 약성을 중화하고 완화하며, 아픔을 멎게 하며, 마음을 진정시키는 작용이 있다고 하였다. 사지가 무거워지면서 마비가 나타나는 증상이나 경련을 치료하고, 어린아이들의 갑자기 간질발작이나 경기를 하는 증상의 치료에 효과가 있다고 전해지며, 또한 심한 어지럼증이나 경련과 중풍으로 인해서 말이 제대로 나오지 않는 증상에도 효과가 있으며, 불안해하고 잘 놀라는 증상과 더불어 기억력이 떨어지는 증상도 다스릴 수 있다고 설명되어 있다. 이 밖에도 천마는 뼈나 근육을 튼튼하게 하고 허리나 무릎을 부드럽게 하는 효능도 가지고 있다고 기록되어 있다. 특히 모든 허한 증상과 어지럼증에는 천마가 아니면 다스리기 어렵다고 까지 소개하고 있다.

02 천마 재배 현황

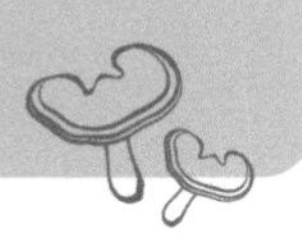

천마(*Gastrodia elata*)는 한국, 중국 등 동남아 지대의 고산지대에 자생하는 다년생 난과(蘭科)식물로 난초목 천마속에 속한다. 천마는 고등식물이면서도 엽록소가 없는 단자엽식물로서 탄소동화 작용에 의한 독립적인 영양합성능력이 없고 담자균류인 뽕나무버섯류(*Armillaria* spp.)인 천마버섯균(곤봉뽕나무버섯, *Armillaria gallica*)과 공생하여 양분과 수분을 공급받아 생육하면서 땅속에 덩이줄기(塊莖 : tuber)를 형성한다. 이 땅속의 괴경(덩이줄기)은 예부터 한방에서 귀중한 한약재로 이용되어 오고 있다. 천마는 상등 약재의 원료로 분류되어 우리나라를 비롯한 동양권에서는 고혈압, 뇌졸중, 두통, 현기증, 등 신경성질환에 효능이 높은 고귀한 약재로 널리 알려져 있다. 우리나라에서도 야생 천마가 자생하는 곳이 많이 있었으나 1970년대 후반부터 1980년대 초반사이 무분별한 채취로 인하여 천마는 거의 자취를 감추게 되었다. 천마의 인공재배는 1980년대에 초반부터 시도되었으나 천마가 독립적으로 생육이 불가능하고 버섯균인 천마버섯균과 공생하는 특수성 때문에 재배에 어려움이 많았다. 즉, 천마는 어린마(자마)가 뽕나무버섯 균사속과 접촉하여 양분과 수분을 공급받아 성숙마로 자라는 기생체의 형태로 천마버섯균은 혼자서 독립적으로 생존이 가능하지만 천마는 독립적인 생활이 불가능하다. 1990년대에 들어서면서 천마 재배에 적합한 천마버섯균이 선발되고, 천마버섯균의 생육 환경 등 생리·생태적인 특성이 구명되어 천마의 대량 인공재배가 가능하게 되었다. 천마는 지상부에 형성된 줄기의 색깔에 따라서 홍천마, 청천마, 녹천마로 구분된다. 인공 대량증식 면에서 홍천마와 청천마가 덩이줄기 형성이 잘되는 것으로 알려져 있다. 천마의 번식법에는 분주법과 실생법이 있고, 품종으로는 청천마, 홍천마가 있다.

꽃은 5~6월에 피고, 황갈색이며 화서의 길이는 10~30㎝이고 무한화서로 개화되지만 자연 상태에서는 꽃 끝 부위가 오므라들어 암수의 꽃가루 수정이 안 되기 때문에 종자형성이 어렵다. 형성된 종자는 황백색 분말로 되어있으며, 씨눈(배아)은 있으나 씨젖(배유)이 없기 때문에 종자 자체로 번식할 수 없고 발아균과 접촉이 있을 때만 발아가 가능하며, 발아 후에는 천마버섯균과 공생하면서 영양 공급을 받아야 생장이 가능하다.

야생 홍천마

야생 청천마

〈그림 3-1〉 천마의 꽃대

천마 재배는 천마와 천마버섯균을 동시에 관리해야 하는 어려움은 있으나 그 원리만 잘 이해하면 다른 작물보다 쉽게 재배할 수 있으며 다수확도 가능하다. 우리나라의 천마 재배현황은 표 1에서와 같이 2009년 1,845톤이 생산되었으며, 가격은 건조중량 600g에 30,000~40,000원 정도로 고소득 작목으로 자리메김하고 있다.

〈표 3-1〉 우리나라의 천마재배 현황(농림수산식품부)

연도	재배면적 (ha)	수확면적 (ha)	생산량(t)	가격(원/ 600g)
2007	135	113	1,614	40,000
2008	92	86	946	35,000
2009	166	151	1,845	30,400
2010	152	141	1,184	39,000
2011	110	108	932	45,800

03 천마의 생육 환경

공생균인 천마버섯균의 생리적 특성

천마버섯균은 주름버섯목, 송이과, 뽕나무버섯 속에 속하는 곤봉뽕나무버섯(*Armillaria gallica*)으로, 한국을 비롯한 여러나라에 분포되어 있고, 침엽수 및 활엽수에 기생하는 목재부후균이다. 이 균은 생나무나 죽은 나무에 모두 생존할 수 있는 특징이 있다. 천마버섯 균은 가는 뿌리 모양의 균사속을 형성하여, 나무에 기생하며, 종류에 따라서는 자실체를 형성하여 식용 및 약용버섯으로 이용된다. 뽕나무버섯속에 포함되는 종류로는 20여종이 알려져 있으며, 이들 균 중에는 천마를 사멸시키는 균도 있고, 소나무나 잣나무에 기생하여 피해를 주는 균도 있다.

천마와 공생하는 천마버섯균은 토양이나 낙엽 속에서 균사속을 만들며, 내음성, 내습성, 내한성, 그리고 어두운 곳에서는 발광성도 있다.

뽕나무 버섯균의 자실체는 주로 9월 중순에 발생하는데 생육온도 범위는 5-30℃이며, 생육적온은 20-25℃이다. 35℃이상이 되면 균의 생육이 정지되며, 곧 사멸된다. 균사생장 속도는 일반 식용버섯 균주와 비교하면 매우 느린 편이다.

천마의 생리적 특성

천마는 전 세계적으로 약 50여 종이 분포하나 우리나라에는 홍천마, 청천마 등 3종 정도가 분포한다. 천마는 부식질이 많은 계곡의 숲속에서 자생하며 지상부는 대부분의 기관이 퇴화되어 있으나 지하부의 구근(괴경)은 마치 고구마가 형성되듯이 비대해진다. 이 구근은 성숙도에 따라 성숙마(成熟麻, mature tuber), 백마(白麻, immature tuber), 미숙마(未熟麻, juvenile tuber)로 분류된다. 성숙마는 약재로 이용되며 이용되며 백마와 미숙마는 종마로 이용된다. 꽃대로 자랄 씨눈(추대아)이 있는 성숙마는 기온이 15~18℃ 정도가 되는 5~6월에 꽃대(줄기)라 불리는 지상경이 나온다. 천마는 지상부에 형성된 꽃대의 색깔에 따라서 홍천마(*Gastrodia elata Bl. f. elata*), 청천마(*Gastrodia elata Bl. f. glauca*) 그리고 녹천마(*Gastrodia gracilis*)로 분류되나 지하부 괴경의 색이나 형태 그리고 약효에는 큰 차이가 없다. 천마는 일반적으로 꽃대 1개당 30~50개의 꽃이 피어 6~7월경에 도란형(倒卵形, 거꿀달걀꼴) 의 꼬투리(삭과)를 형성하며, 꼬투리 1개당 3만~5만 개의 종자가 들어 있다. 천마는 자연계에서 6월 상순경 꼬투리가 익어 종자가 떨어지면 7월 초 종자가 발아하며, 발아한 종자는 당해에 백마로 성장한 후, 다음해에 성숙마로 성장하는 2년 생활주기 식물이다. 그러나 천마 종자에는 배유가 없고 배만 있어서 자연에서의 발아율은 극히 저조하다.

천마는 녹색잎은 없고 퇴화한 소인편의 잎만 있어서 탄소동화 능력이 없는 특이한 고등식물로 지상부의 꽃대는 1개월 이내에 사멸되며, 지하부의 괴경이 덩이줄기로 무성번식한다. 천마의 생육은 1911년 일본의 쿠사노스(Kusanos)에 의해 버섯의 일종인 천마버섯균(*Amillaria sp*)과 공생관계가 밝혀진 후 많은 연구가 이루어졌다. 특히 천마의 생육과 관련된 공생균과의 영양관계는 저자 등에 의해 균영양계(Mycotrophy)로 정의되었다. 균영양계란 빛(광)을 에너지원으로 이용하는 광합성계(phototrophy)나 화학물질을 에너지원으로 이용하는 화학합성계(chemotrophy)와는 달리 균류의 균사를 에너지원으로 이용한다. 즉, 어린 천마버섯균 균사속이 천마의 피층(cortex) 세포에 침입하면, 천마는 대형세포를 형성하여 침입한 균사를 짧게 분절, 소화, 흡수하여 에너지원으로 이용하여 생육하게 된다. 그러나 천마버섯균의 활력이 너무 왕성하면 천마의 영양분이 천마버섯균으로 역이동하는 현상이 발생하기도 한다. 천마 괴경은 15~30℃의 온도 범위에서 생육이 가능하다. 지온이 15℃ 전후가 되면 싹이 트기 시작하여, 20~25℃에 생육속도가 가장 빠르며, 30℃ 이상이 되면 생장이 억제되고, 35℃가 넘으면 사멸한다. 천마가

1년간 생육하는 데 필요한 총 누적온도는 3800℃ 정도이다. 물은 천마 괴경의 주성분으로 함수량은 약 80% 정도이다. 천마는 외계의 급격한 온도 변화에도 물이 지니는 특수성으로 인해 원형질은 상해를 받지 않는다. 천마는 토양 함수량 30~70%의 범위에서 생육이 가능하며 70%를 초과하면 천마가 부패한다. 천마의 괴경이 싹트는 시기에는 약간의 토양수분만 있으면 정상 발아가 가능하지만 수분이 부족하면 뽕나무버섯균의 생장에 영향을 주어 천마의 생육이 부진해진다. 천마 괴경의 생장이 왕성한 시기에는 다량의 물이 필요하다.

〈그림 3-2〉 천마와 결합된 뽕나무버섯 균사속

04 천마 재배 유형

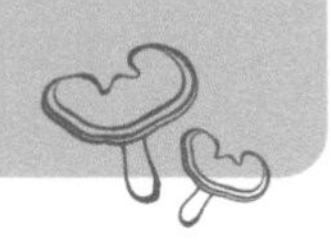

천마의 재배 방법은 다양하나 근본적으로 야생 천마의 증식 방법을 모델로 하여 천마의 생육이 양호한 환경조건, 즉 천마, 천마버섯균, 기질(원목) 간의 생육 조건을 조성해 주는 것이다. 천마는 독립영양이 불가능하며 반드시 천마버섯균과 결합하여 영양을 공급받아야만 정상적으로 생육이 가능하고, 천마버섯균은 원목에서 양분을 흡수하여 생활하므로 천마, 천마버섯균, 원목 3자 간의 생태 군락을 형성한다. 즉, 천마와 원목 간에 뽕나무버섯 균사속(rhizomorph)이 연결되어 영양 공급이 이루어진다. 천마 재배는 이러한 원리에 근거하여 먼저 활력이 왕성한 천마버섯균을 원목에 접종 배양하여 천마버섯균이 원목으로부터 양분을 흡수하여 천마에게 제공할 수 있도록 환경을 종합 관리해야 한다. 천마의 인공재배는 소괴경(백마와 미숙마)을 종마로 이용하는 일종의 무성번식법(영양번식)으로 온도와 습도가 적당하고 또한 천마버섯균의 활력이 왕성하면 백마(2~11㎝)와 미마(2㎝ 이하)는 당년에 각각 성숙마와 백마로 성장한다.

천마의 재배과정은 천마버섯균을 원목에 활착 증식시키는 과정과 천마 종마를 식재하여 천마버섯균과 공생관계를 유지하도록 관리하여 종마를 성숙마로 생육 번식시키는 과정으로 나눌 수 있다.

천마의 유성번식은 어미천마(모마)에서 꽃이 피어 결실된 종자를 발아시켜 번식할 수 있는 방법으로 작은 덩이줄기(소괴경)를 종마로 사용하는 기존의 무성번식법에 비하여 우량한 유전형질을 보유하고 있어 퇴화가 일어나지 않고 우량한 품질의 종마를 대량 생산할 수 있는 장점이 있다.

유성번식법은 모마(성숙마)에서 꽃이 피면 인공수분을 하여 종자를 얻고, 공생균(발아균)을 접종하여 원구체(protocorm)를 형성시킨 다음에 원구체에 다시 뽕나 무버섯균을 접종하여 자마로 발달하도록 하여 점차 성마로 성장하게 하는 방법이다.

장소 선정

자연에서 자생하는 천마는 대부분 해발 700m 이상의 고산지대에서 생장하지만 천마의 생육환경을 인위적으로 조성해주면 지역에 관계없이 인공재배가 가능하다. 자연 환경 조건이 양호한 지역에서는 실외(노지) 재배를 실시하며, 자연 조건의 차가 크면 실내(시설) 재배가 적합하다. 천마는 한번 심으면 3~4년간 수확이 가능하고 이후 원목만 교체해주면 계속적으로 재배가 가능하므로 재배 장소의 선택이 매우 중요하다〈표 3-2〉.

천마 재배지는 비가 와도 물이 고이지 않고 배수가 양호한 양토~사양토가 적당하며 건조하기 쉬운 모래땅은 피해야 한다. 토양은 통기성이 좋은 함수량 15~20% 사이가 적당하며, 함수량이 높으면 천마가 부패하기 쉽고 낮으면 천마버섯균의 생육이 불량하다. 재배 장소는 동남향의 약간 경사진 곳으로 토심이 깊고 서늘하고 습윤한 토양이 좋으며, 토양의 산도(pH)는 4.5~6.5가 적당하다.

〈표 3-2〉 천마 재배지 토양이 천마 생육에 미치는 영향(농진청)

토성	종마 생존율 (%)	종마 활착률 (%)	수량* (g/10본)
사양토	90	94	2,940
양토	98	96	3,910
식양토	75	72	1,420
식토	32	14	630

* 수량 : 원목 10 본당 천마의 무게

재배 유형

천마 재배 유형은 임간재배법이나 두둑(경지)재배법과 같이 노지에서 자연의 기후에 의존하여 재배하는 자연재배법이 주로 이용되었으나 최근에는 인위적으로 온도, 습도 등의 환경을 조절하여 천마를 단기간에 다수확이 가능한 속성재배인 시설재배법을 선호한다. 시설재배는 비가림재배, 해가림재배, 균상재배 등으로 분류되며, 비가림재배는 비닐하우스 위에 차광막을 한·두겹 덮어서 만든 재배사 내에서 천마를 재배하는 방법으로 관수시설을 이용하여 수분을 조절할 수 있으며, 온도 관리를 원할히 할 수 있는 가장 안전한 재배방법이다. 시설재배는 관리만 잘하면 노지재배보다 단기간에 다수확이 가능한 장점이 있지만 적절한 관리를 하지 않고 방치하면 수확량이 노지재배만 못하다. 재배사 내의 온도 관리를 잘못하면 고온 장애로 천마가 사멸하며, 관수를 하지 않아 두둑이 건조해지면 균사속이 생육이 정지되어 수량이 감소하고, 너무 과습하면 천마와 균사속 모두 사멸하거나 부패한다.

〈균상재배〉

〈시설재배〉

〈노지재배〉

〈그림 3-3〉 재배 방법 유형

재배사 구조

천마 재배사는 일반적으로 버섯 재배사에 준하여 시설하면 된다. 재배사는 가능하면 한 장소에 한 동씩 짓고, 여러 동을 지을 경우에는 재배사와 재배사의 거리는 2m 이상 띄워서 지어야 통풍 관리가 용이하다. 재배사의 크기는 30~50평 정도가 편리하며, 100평 이상이면 관리하기 어렵다. 재배사는 통풍이 잘 되도록 방향을 고려해서 설치하며, 양 옆을 말아 올릴 수 있도록 하고, 위쪽에 여러 개의 환기창을 만들어야 고온 피해를 줄일 수 있다. 하우스 재배사의 높이는 3m 이상으로 하며, 직경 25㎜, 두께 1.5T, 길이 10m의 파이프를 사용하여 재배사의 폭을 5.5m 정도의 크기로 한다. 파이프와 파이프 사이의 간격은 70~80㎝로 유지하고 40~50 ㎝ 정도 땅에 고정시킨다. 문은 앞, 뒤 양쪽에 폭 2 m, 높이 2.5m 크기로 만든다. 골조 작업이 끝나면 두께 0.06㎜, 폭 10m의 비닐을 덮고, 그 위에 차광률 90% 이상의 차광막을 1~2 겹 덮는다. 재배사에는 관수를 위한 분수호스나 스프링클러 시설을 설치한다.

05 천마 자마를 이용한 무성번식 재배 기술

원목 선택

천마 재배에 적합한 원목 수종은 활엽수는 모두 가능하지만 상수리나무, 떡갈나무, 졸참나무, 굴참나무 등 수피가 있는 참나무류가 좋으며 수피가 부착되어 있어야 한다. 참나무류 중에서도 상수리나무와 졸참나무가 천마 재배에 가장 적합하며, 굴참나무는 표피층이 두꺼워 원목 건조 기간이 길고 뽕나무버섯 균사속 형성이 늦으며, 물참나무는 뽕나무버섯균 균사 생육은 빠르나 재질이 연하여 수명이 짧은 단점이 있다. 침엽수류는 수피가 얇아 균사가 쉽게 사멸하며, 또한 생산성이 낮아 부적합하다. 원목의 굵기는 직경 7㎝ 이상이면 사용 가능하나 10~15㎝가 가장 적합하다.

가. 원목 벌채

원목의 벌채는 수액의 이동이 정지되는 휴면기인 초겨울부터 이듬해 2월경까지가 가장 적합하다. 이 시기에는 원목에 영양원이 가장 풍부하게 들어 있으며, 기후가 건조하여 휘발성 물질을 제거하기 쉬우며, 또한 수피도 목질부에 단단하게 밀착되어 있다. 또한 온도가 낮아 각종 병원균의 포자 활동이 적을 뿐만 아니라 유휴 노동력을 이용하기 편리하다. 잎이 달려 있는 가을철 벌채는 단풍이 먼저 들기 시작하는 북향, 서향, 동향, 남향의 순서로 산의 위부터 아래로 벌채한다. 원목 벌채 후 원목 내의 수분이 자연 증발하도록 잔가지는 자르지 않는다.

나. 원목 건조

천마버섯균은 원목의 조직이 살아 있을 때보다 사멸된 상태에서 활착이 양호하므로 절단된 원목을 통풍이 잘되는 장소에 우물정(井) 자 모양으로 쌓아서 1~2개월 건조시킨다. 원목 벌채 시의 수분 함량 45~48%를 38~40%로 낮추는데, 이때 벌채한 원목 위에는 차광막이나 나뭇가지 등을 덮어서 직사광선을 피하여 음건시킨다. 원목의 수분은 연필 굵기의 작은 가지를 손으로 꺾으면 쉽게 부러지거나 또는 원목의 절단면에 가는 금이 가는 것을 기준으로 삼는다.

다. 원목 조제

원목을 자연 건조시켜 수분 함량이 38~40% 정도가 되는 3~4월경 (균 접종 시기)에 직경이 20㎝ 이상 되는 것은 영지 재배목, 16~20㎝ 정도의 것은 표고 원목, 나머지 7~15㎝ 전후의 것을 천마 재배용 원목으로 선별한다. 선별된 나무는 원목의 굵기와 재배 방법에 따라 20~30㎝의 단목 또는 60㎝, 90㎝, 120㎝ 등 장목으로 절단하여 접종 작업이 용이하도록 준비한다. 원목의 굵기가 다르면 작업이 느리고, 천마 재배 시 수분 관리가 어렵다.

〈그림 3-4〉 원목 준비

종균 선택

가. 천마버섯균의 종류

천마재배용 천마버섯균은 농촌진흥청에서 개발한 천마1호(*Armillaria gallica*)와 1998년 산림청 임업연구원에서 개발한 홍릉 천마균(*Armillaria*)이 있다. 현재 농가에서는 천마균1호가 재배에 이용되고 있다.

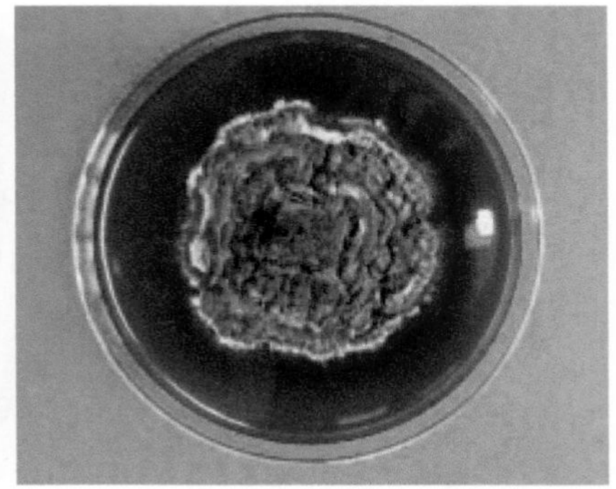

〈그림 3-5〉 천마버섯균의 자실체와 버섯완전배지에서의 균총 형태

나. 종마 선발

생육 단계에 있는 어린 천마를 자마 또는 종마라 하며 영양번식용 천마 종자로 사용하며, 백마와 미숙마가 여기에 속한다. 종마의 품질은 천마의 수량에 직접적으로 영향을 미친다. 품질이 양호한 종마란 병반과 상처, 동상이 없고 부패되지 아니하고 방추형의 씨눈이 명확한 자마를 말한다. 종마를 장거리 운반할 때는 상자에 가는 모래를 채워 종마의 표피층이 상처를 받지 않도록 주의해야 한다.

접종 방법

종균 접종은 천마 재배의 성패와 밀접한 관계가 있다. 즉, 천마버섯균을 가능한 한 빨리 원목에 활착시키고, 또한 원목 내에 많은 양의 천마버섯균 균사를 균사속 형태로 발육시켜야 한다. 천마버섯균을 원목에 접종하는 방법은 종균을 직접 원목 절단면에 부착하는 종균 부착 방법, 표고 접종처럼 원목에 구멍을 뚫어 접종하는 방법, 그리고 구멍접종과 종균접착법을 동시에 사용하는 방법이 있다. 여기에서는 활착율이 양호한 종균접착법(샌드위치접종법)에 대해서 설명하고자 한다<표 3-3>.

〈표 3-3〉 종균 접종 방법에 따른 천마버섯균 활착률(농진청)

접종방법	균사활착률 (%)	잡균발생률 (%)	균사속 형성률 (%)
종균접착법	92	11	86
구멍접종법	24	52	21
골목이용법	85	16	92

원목의 양쪽 절단면에 원판형 종균을 부착시켜 매몰하는 방법으로 실용성이 높고, 재배방법이 쉬워서 많이 이용하는 방법이다(표 3-4). 원목을 매몰할 장소를 땅을 갈고 로타리하여 흙을 부드럽게 하여 재배지를 만든 다음 원목 묻을 자리를 5~10㎝ 깊이로 종으로 길게 파고 그 위에 접종할 원목을 올려놓는다. 원목은 한 두둑에 2~3 줄을 심을 수 있으며, 줄과 줄사이의 간격은 20~30㎝를 유지한다. 같은 줄에는 동일한 굵기의 원목을 배열해야 접종 및 관리가 용이하다. 접종은 원목의 양쪽 절단면, 즉 원목과 원목사이에 1~2㎝ 두께로 절단된 원판형의 종균을 밀착되게 끼어 넣는다. 천마버섯균의 종균병은 1회용 플라스틱(polyethylene) 병을 사용하므로 외부 껍질을 제거시키고 원통형 상태로 꺼내서 1~2㎝ 두께로 원판형이 되도록 종균을 절단하여 직사광선이 직접 닿지 않고 바람에 마르지 않도록 보존한다. 원목의 양단면에 종균 접종이 끝나면 즉시 흙으로 원목의 절반쯤 채우고 종마를 심는다. 종마는 크고 작은 것을 골고루 섞어서 접종된 종균 양쪽에 옆으로 뉘어 심는다(그림 3-6). 종마 심기가 끝나면 도랑을 60㎝ 폭으로 만드는데 이때 생기는 흙을 원목 위에 8~10㎝ 두께로 일정하게 덮으면 자연스럽게 두둑이 만들어 진다. 두둑은 120~150㎝의 폭으로 만들며, 두둑과 두둑사이의 간격은 60㎝ 정도가 좋다. 도랑은 원목보다 3~5㎝ 이상 깊이로 파고 재배지 끝까지 배수로를 만들어 비가 많이 와도 도랑에 물이 고이는 일이 없도록 한다. 즉, 원목의 밑면이 배수로 보다 높아야 비가 많이 와도 물이 고이지 않는다. 두둑위에 볏짚이나 낙엽 등으로 10㎝ 이상 피복해야 보온, 보습의 효과가 있으며, 그 위에 다시 차광막을 덮으면 폭염의 피해를 줄일 수 있다.

〈그림 3-6〉 종균 준비 및 접종 방법

환경조건이 양호하면 접종 2~3개월 후부터 종균에서 균사속이 형성되기 시작한다. 균사속(rhizomorph)이란 천마버섯균의 균사가 외부로 뻗어나가면서 다발 모양의 보호막을 형성하는 것으로 처음에는 흰색이던 생장점이 점차 자라면서 갈색, 흑갈색으로 변하고 소나무 뿌리와 같이 자란다. 균사속은 원목의 목질부에 침투하여 목질을 부후시키며, 또한 종마를 만난 균사속은 종마의 피층세포에 침입한다. 이때 종마는 피층세포에 침입한 균사속을 소화 흡수하여 영양분으로 이용하여 증식하게 된다. 1년생의 어린 유백색 또는 홍색의 균사속은 종마에 침입하여 생장함에 따라 굵어진다.

〈표 3-4〉 천마버섯균 종균 접착법의 장단점

장　　점	단　　점
○ 접종작업이 간단하여 인력이 적게 소요된다.	○ 종균 소요량이 많다.
○ 종균이 집중적으로 투여되므로 균사 활착 및 균사속 형성이 양호하다.	○ 종균을 원목 양 단면에만 접종하므로 환경 조건이 불량하면 쉽게 피해를 입는다.
○ 종균 접종 시 종마를 식재하므로 속성 재배가 가능하다.	○ 종균이 원목 단면과 밀착되지 않으면 균사 활착이 잘 안 된다.

재배지 관리 방법

종자용으로 사용되는 천마 자구를 자마 또는 종마라고 하는데 그 크기는 1㎝ 정도의 것을 미숙마, 3~4㎝ 되는 것을 백마라 부르며, 모두 종마로 사용이 가능하다. 종마는 균사속과 연결되지 않아도 일정한 기간은 자체 영양을 가지고 번식과 성장을 하지만 한계가 있다. 그러나 자체 성장하던 종마가 균사속과 연결되면 갑자기 활력을 찾아 급성장을 하게 된다. 어린 종마에 균사속이 접착되면 종마 내부에 내생균이 형성되어 종마 자체의 영양과 균사속을 통하여 들어오는 영양이 합성화되면서 증체 성장을 하게 된다.

천마의 생육온도 범위는 10~30℃이며, 적온은 20~25℃이다. 30℃ 이상이 되거나 갑자기 영하 10℃ 이하로 내려갈 때는 천마의 생장이 정지하므로 고온기와 혹한기 관리가 매우 중요하다. 토양의 수분은 45~50%를 유지할 수 있도록 배수 관리를 잘하고, 건조할 때는 관수하여야 한다. 제초 작업은 천마가 싹트기 전 5월경에 실시한다.

가. 천마의 발육

식재한 종마는 일정 기간 동안은 자체 영양으로 생명이 유지되다가 천마버섯 균사속이 종마 피층에 감염되면 내생균근이 형성되어 균사속으로부터 영양분을 제공받아 생육하기 시작하지만 균사속과 연결되지 않으면 사멸된다. 종마가 균사속을 통하여 영양분을 충분히 흡수하면 종마 끝부분의 생장점과 몸체의 생장점에서 수 개 내지 수십 개의 싹이 발아하여 새로운 자마(백마, 미숙마)와 성숙마로 증식 성장한다. 봄부터 우기인 여름철까지는 개체증식이 이루어지는 시기이며, 가을부터는 증식된 개체가 비대생장을 시작한다.

나. 온도 관리

천마는 중온성 식물로 생육온도는 10~30℃이며, 적온은 20~25℃이다. 겨울에 온도가 영하로 서서히 내려가면 쉽게 죽지 않으나 갑자기 -15℃ 이하로 떨어지면 동사하게 되므로 볏짚이나 낙엽 등으로 피복해 주어야 한다. 또한 지온이 30℃ 이상 오르면 균사속의 생육이 나빠짐과 동시에 영양 공급이 좋지 않아서 균사속과 종마의 생육이 정지되므로 지온이 25℃ 이상 상승하지 않도록 차광을 하여 폭염을 방지해야 한다.

다. 습도 관리

천마는 중습성 식물로 토양 습도는 45~50%가 적당하다. 토양의 수분이 너무 많거나 적으면 생육이 정지되거나 지연된다. 토양 수분이 65% 이상 지속되면 과습 피해가 발생하고, 35% 이하로 떨어져 건조해지면 종마가 시들기 시작하며, 종균도 균사속이 형성되지 않는다.

라. 제초 관리

제초 작업은 천마가 발아하기 이전인 5월경에 실시한다. 약간의 잡초는 큰 문제가 없으나 30㎝ 이상 되는 잡초는 반드시 제거해야 한다. 잡초가 크면 토양 수분을 흡수하므로 피복이 아무리 잘 되었더라도 토양이 쉽게 건조된다. 잡초를 그대로 방치하면 천마의 수량이 감소하거나 생육하는 천마도 건조사할 수 있다.

06 천마종자 발아를 이용한 유성번식 재배 기술

천마의 유성번식은 어미 천마(모마)에서 꽃이 피어 결실된 종자를 발아시켜 번식시키는 방법으로 작은 덩이줄기(소괴경)를 종마로 사용하는 기존의 무성번식법에 비하여 우량한 유전형질을 보유하고 있어 퇴화가 일어나지 않고 우량한 품질의 종마를 대량 생산할 수 있는 장점이 있다. 무성번식법은 어린 천마(자마)를 생장, 번식시켜서 성마가 되도록 하는 방법이며, 유성번식법은 성마에서 꽃이 피면 인공수분을 하여 종자를 얻고, 종자에 발아균(흰애주름버섯, *Mycera sp.*)을 접종하여 원구체를 형성시킨 다음 원구체에 다시 천마버섯균을 접종하여 자마로 발달되도록 하여 점차 성마로 성장하도 록 하는 방법이다.

종자의 생육 및 관리

가. 어미천마(모마) 선발

모마란 꽃대가 올라와 꽃을 피울 수 있는 성마를 말한다. 모마는 150g 이상으로 상처 또는 병해충의 피해가 없는 건전하고 정아(頂芽: 싹눈)가 충실한 것이 좋다<그림 3-7a>.

나. 모마의 개화 유도

선발된 모마는 공기가 통하는 상자에 정아(頂芽)가 위로 향하게 하여 20㎝ 간격으로 놓고, 수분 60~65%(v/v) 정도의 가는 모래를 2~5㎝ 두께로 덮은 다음 습도를 60~70% 정도로 유지되도록 한다. 기온이 12℃ 정도가 되면 꽃대가 올라오기 시작하고, 19℃가 되면 꽃이 피기 시작한다. 이 시기는 공기의 상대습도를 65~80%로 유지한다〈그림 3-7b〉.

다. 인공수분

자연 상태에서는 천마의 꼬투리가 오므라져 있고, 곤충매개 수분율이 매우 저조하므로 인공수분을 실시하여야 결실률을 높일 수 있다〈그림 3-7c〉. 수분은 꽃이 핀 후 24시간을 넘기지 말고, 당일에 왼손으로 꽃받침(花托)을 잡고 오른손으로 족집게나 핀셋 등의 도구를 이용하여 꽃밥(화분괴)을 점액성 암술머리(주두)에 묻혀 준다〈그림 3-7d〉. 이때 작업 중 자방(子房)의 껍질이 파괴되지 않도록 주의해야 한다.

라. 꼬투리(삭과) 수확

수분 후 꼬투리는 점차 팽배해져 17~19일이 경과하면 성숙하는데, 육안으로 관찰해 상하로 6가닥의 선이 돌출되고, 딱딱해지기 시작하면 채취한다. 꼬투리 즉 삭과는 아래부터 위로 성숙하는데 꼬투리가 너무 성숙하여 터지면 종자의 손실이 크며, 발아율도 급격히 저하된다. 한 개의 모마에서 30~50개의 꼬투리가 형성되며, 꼬투리 1개당 3만~5만 개 정도의 종자가 들어 있다〈그림 3-7e, f〉. 성숙한 종자는 정방추형 또는 초승달 모양으로 청회색이며, 크기는 670×12㎛ 정도의 분말 상태로 종피와 배로 구성되어 있으며 배유는 없다. 배의 크기는 180×100㎛ 정도로 매우 작으며, 미성숙한 종자는 백색 또는 분백색이다.

a. 모마

b. 꽃대 유도

c. 천마 꽃

〈그림 3-7〉 종자의 생육

d. 인공수분　　e. 종자 결실　　f. 결실된 꼬투리

〈그림 3-7〉 종자의 생육

발아 배지

천마 종자의 발아 배지는 참나무 낙엽을 1일 침수한 후 유리수를 제거한 다음 미강을 20% (V/V) 첨가하여 배지를 조제한 다음 500mℓ 또는 750mℓ 광구병에 넣고 고압살균(121℃)은 2시간, 상압살균(98~100℃)은 8시간 실시한다. 살균이 끝난 배지가 20℃로 식으면 톱밥배지에서 자란 발아 종균을 3~4 수푼(10~15g)씩 접종하며 접종량이 많을수록 균사생장 기간은 단축된다. 특히, 발아균은 배양 초기에 잡균이 많이 발생하므로 배양 초기에 세심한 관리가 필요하다. 종균 접종 작업이 끝나면 온도 22~25℃, 습도 60~70%로 유지되는 배양실에서 3~4 개월 정도 암 배양하면 종자 발아 배지로 이용이 가능하다.

종자 발아 방법

가. 종자 파종

종자 채취 즉시 파종을 하여야 발아율이 높으며, 바람과 비가 없는 날에 실시하여 종자가 바람에 날리는 것을 피해야 한다. 파종 시에는 먼저 재배 장소를 10~20㎝

깊이로 파고 습윤한 낙엽을 한 층 깐 다음, 그 위에 발아균이 성장한 낙엽배지에 천마 종자를 파종하여 올려놓고 다시 한 층의 낙엽을 덮는다. 그 후 발아균이 성장한 낙엽배지를 하나씩 분리하여 펼친 다음 천마 종자를 2~3 차례 반복하여 균일하게 파종한다. 파종 작업이 끝나면 10㎝ 두께로 가는 모래나 마사를 덮고, 그 위에 다시 습윤한 낙엽이나 볏짚을 3~5㎝ 두께로 덮어 습도를 유지한다.

나. 파종 후 관리

파종한 천마 종자는 생장 단계에서 여름철의 고온기를 거치는데, 발아 최적온도는 20~25℃이므로 이보다 높으면 발아에 지장을 받는다. 따라서 차광막을 설치하거나 응달이 지는 나무로 그늘을 만들어 주어야 한다. 온도가 높으면 수분 증발량이 많아지므로, 비가 적게 오는 자연조건에서는 1주에 한 번 정도 물을 주어 복토층의 낙엽을 습윤하게 하여 습도가 60% 정도로 유지되도록 한다.

다. 천마 종자 발아 및 관리

〈그림 3-8〉에서와 같이 5~6월경에 파종한 천마 종자는 10~11월경이면 발아하여 원구체로 성장한다(그림 3-8b, c). 즉 파종 후 3~4개월이 경과되어 발아가 확인되면 상층에 피복된 낙엽을 들어올린 다음 천마종자가 발아한 낙엽층을 하나씩 관찰하여 종자 발아율이 30~40%가 되면 천마버섯균을 접종한 후 원상태로 복구하고 계속 관리한다. 접종방법은 원구체가 형성된 낙엽위에 천마버섯균 버섯나무(골목)를 이식하여 원구체와 천마버섯균을 접촉시켜서 원구체가 영양분을 공급받아서 계속 성장하도록 한다. 천마버섯균이 원구체에 활착되면 생장이 촉진되어 다음해 3~4월경에는 종마로 사용할 수 있다.

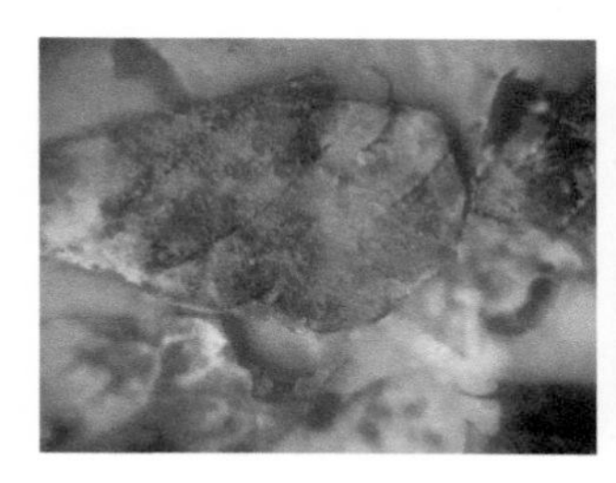
a. 발아균에 종자 파종

b. 종자 발아

c. 원구체

〈그림 3-8〉 천마종자의 발아 과정

라. 재배 방법

종자 발아에 의해 자마가 형성된 후부터는 기존의 무성번식 방법에 준하여 관리한다.

07 수확 및 건조

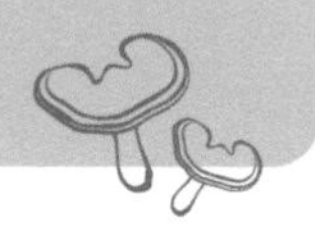

수확

수확기는 11월이나 이듬해 3~5월 사이에 수확하게 된다. 천마는 크기에 따라 성마, 자마, 백마 그리고 미마로 구분된다. 일반적으로 가을에 수확하는 것의 건조 수율은 20~25%이고, 봄에 지상경이 올라올 때 수확하면 건조 수율이 10~15%로 가을보다 떨어진다. 건조 비율은 성마가 25%, 자마는 20% 정도이다. 수확 요령은 가능한 한 자마를 그대로 두고 성마만 수확하면서 뽕나무버섯 균사속을 손상시키지 않도록 하는 것이 중요하다. 수확량은 평당 5㎝ 크기의 종마를 심었을 경우 2년 후에 약 15kg, 3㎝ 크기는 13kg, 1㎝ 크기는 7kg 정도를 수확할 수 있다.

〈그림 3-9〉 수확기의 천마

건조와 저장

가. 생천마 저장

생천마 자체로 단기간 생체저장 할 때는 먼저 마대에 담아 햇빛이 들지 않고 온도가 15℃이하, 습도가 70-80%로 유지될 수 있는 장소가 좋으며 장기간 저장하려면 5-6℃로 온도 조절이 가능한 저온 저장고에 넣어 저장한다. 이때 냉풍이 직접 천마에 닿지 않도록 하는 것이 좋다.

나. 건조 천마 제조

수확된 천마는 수확 즉시 세척장으로 옮긴 다음 물통 안에 천마를 담가 놓은 상태로 깨끗이 씻는다. 그 다음 깨끗이 씻은 천마를 가마솥이나 시루찜통에 넣고 스팀을 이용하여 찐다. 설익으면 색깔이나 투명도가 나빠서 상품성이 떨어진다.

찐 천마는 양건 또는 열풍건조기를 이용하여 건조한다. 열풍건조기 사용 시 건조요령은 건조기 내의 온도를 처음에는 약 30-40℃로 시작하면서 서서히 온도를 상승하여 40~50℃에서 3~4일, 그리고 70-80℃에서 7~8시간 건조시킨다. 건조가 완료되면 천마는 투명하면서도 노란색을 띠게 된다.

〈그림 3-10〉 세척한 천마

〈그림 3-11〉 건조 천마

08 식품적 가치와 효능

천마의 효능은 무궁무진하며 옛 문헌에도 상약으로 기재되어 있다. 중국의 본초학 서적인 《신농본초경》는 만병회춘한다 하여 그 효능을 인정했으며, 우리나라의 고전 의서인 《향약집성방》, 《산림경제》, 《동의보감》, 《방약합편》 등 수많은 한의서 에도 그 효능이 수록되어 있다. 특히 《향약집성방》에는 맛이 맵고, 독이 없으며 오래 먹으면 기운이 나고, 몸이 거뜬해지며, 오래 살 수 있다고 기록되어 있다.

천마의 성분은 P-히드록시벤질알코올과 그 배당체 가스트린(P-히드록시메틸페닐-ß-D-글루코피라시드, $C_{13}H_{18}O_7 \cdot 1/2H_2O$), P-히드록기벤질 알데히드 등으로 알려져 있으며 스트레스 해소, 진경, 진통, 고혈압, 당뇨, 중풍, 기관지천식, 이뇨, 간질, 치매, 성기능 장애, 두통 등에 효과가 있는 것으로 알려져 있다.

천마를 이용한 제품에는 술, 분말 및 드링크제, 엑키스, 다양한 가공식품 및 각종 요리의 부재료로서 건강 보조식품으로 널리 이용되고 있으며, 그 용도가 점점 확대되고 있다.

〈그림 3-12〉 천마 술과 가공식품

09 향후 전망

천마는 상등 약재로 분류되어 우리나라를 비롯한 동양권에서는 고혈압, 뇌졸중, 두통, 현기증, 신경성질환 등 주로 뇌 질환에 효능이 높은 귀중한 한약재로 이용되어 왔다. 천마의 인공재배는 1980년대에 초반부터 시도되었으나 천마가 독립적으로 생육이 불가능하고 버섯균인 천마버섯균과 공생하는 특수성 때문에 재배에 어려움이 많았다. 즉, 천마는 어린마(자마)가 천마버섯 균사속과 접촉하여 양분과 수분을 공급받아 성숙마로 자라는 기생체의 형태로 천마버섯균 없이는 독립적인 생활이 불가능하다. 1990년대에 들어서면서 천마 재배에 적합한 천마버섯균이 선발되고, 천마버섯균의 생육 환경 등 생리·생태적인 특성이 구명되어 천마의 대량 인공재배가 가능하게 되었다. 천마 재배는 천마와 천마버섯균을 동시에 관리해야 하는 어려움은 있으나 그 원리만 잘 이해하면 다른 작물보다 쉽게 재배할 수 있으며 다수확도 가능하여 고소득 작목으로 자리메김하고 있다. 또한 천마의 퇴화현상으로 생산성이 떨어지는 단점이 있어 재배에 어려움이 있었으나 천마종자의 인공 발아기술이 개발되어 유성자마의 대량증식이 가능하게 됨에 따라 천마재배에 획기적인 전기가 마련되어 농가소득에도 도움이 될 것으로 기대된다.

천마버섯균 활착 증식

⇓

원목 벌채	→	원목 건조, 조제	→	종균 접종 / 종마 재식
ㅇ참나무 종류 선택 ㅇ휴면기 벌채 및 절단	→	ㅇ직경 7~15cm ㅇ길이 30~120cm ㅇ음지에서 건조	→	ㅇ재배지 선정 ㅇ버섯종균 구입 ㅇ원목 접종 및 매몰 ㅇ종마 심기

⇓

천마 재배 및 관리

⇓

포장 관리	→	천마 수확	→	천마 저장 및 가공
ㅇ건조 방지 ㅇ피복물 덮음 ㅇ온 · 습도 관리	→	ㅇ꽃대 제거 ㅇ2~3년간 수확 ㅇ4월, 11월 수확	→	ㅇ열풍 건조 ㅇ건조 보관 ㅇ3℃ 저장

〈그림 3-13〉 천마 재배 과정

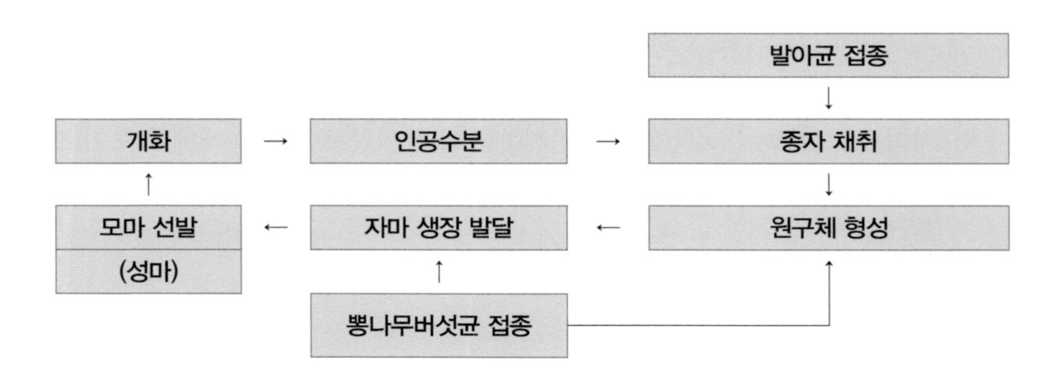

목질진흙버섯 (상황버섯)

1. 분류학적 특징
2. 균의 생리적 특성
3. 재배사 구조
4. 재배 기술

목질진흙버섯(상황, 桑黃)은 분류학적으로 담자균문, 균심강, 민주름버섯목, 소나무비늘버섯과에 속하는 진흙버섯속(*Phellinus*)의 균류를 총칭하며, 중국의 본초강목에서는 뽕나무에서 자라는 노란버섯이란 뜻으로 상황으로 지칭한다. 이 버섯은 현재 전 세계적으로 221종(154종 67품종 · 변종)이 보고되었으며, 국내에는 목질진흙버섯, 말똥진흙버섯, 낙엽송층버섯 등 12종이 자생하는 것으로 보고되었다.

01 분류학적 특징

목질진흙버섯은 주로 뽕나무 등 활엽수의 줄기에 자생하며, 자실체는 다년생이고 반원형, 편편형, 말굽형으로 대가 없으며, 갓은 10~21×6~12㎝, 두께는 2~7㎝ 정도로 대형이고 단단하게 목질화되어 있다. 표면은 초기에는 암갈색이며 가는 털로 덮여 있으나 곧 탈락하여 흑갈색으로 되고 동심상의 뚜렷한 환문과 방사상의 균열이 생겨 직사각형의 절편을 이룬다〈그림 4-1〉. 갓 끝 부위의 선단부는 약간 뾰족하거나 둥글며 선황색을 띤다. 조직은 목질화되어 단단하며 황색~황갈색을 띠고 두께는 1~2㎝ 정도이다. 갓 하면의 관공은 불명확한 여러 층으로 되어 있으며, 각층의 두께는 2~4㎜ 정도로 갈색이며 생장 부위만 선황색을 띤다. 강모체(버섯의 관공에 존재하는 가는 털)가 다수 존재하며 대부분 기부가 팽배하고 끝이 뾰족한 침상모양(설형)이고 수산화칼륨(KOH) 용액에서 진갈색을 나타내며 크기는 15~40×7~11㎛로 막이 두껍다.

말똥버섯의 자실체는 다년생으로 말굽형이며, 대가 없이 기질에 부착되어 있다. 갓의 크기는 10×6㎝, 두께는 7㎝ 정도이며, 표면은 초기에는 회갈색이나 후에는 흑갈색으로 변하며 다소 불규칙한 균열이 생긴다. 갓의 주변부는 둥근 둔각을 이루고, 조직은 목질화되어 갈색을 띠며 진갈색의 핵(core)이 기주와 접하여 존재한다. 관공은 경계가 불명확한 여러 층으로 되어 있으며 각 층의 두께는 2~4㎜이다. 관공의 색은 조직보다 연한 갈색이며 흰색의 2차 균사가 혼재되어 있다. 강모체는 침상형(sublate)과 편복형(ventricose)이 혼재하여 다수 분포하며 크기는 14~22×4~8㎛ 정도이고, 막은 두껍고 진갈색을 띤다.

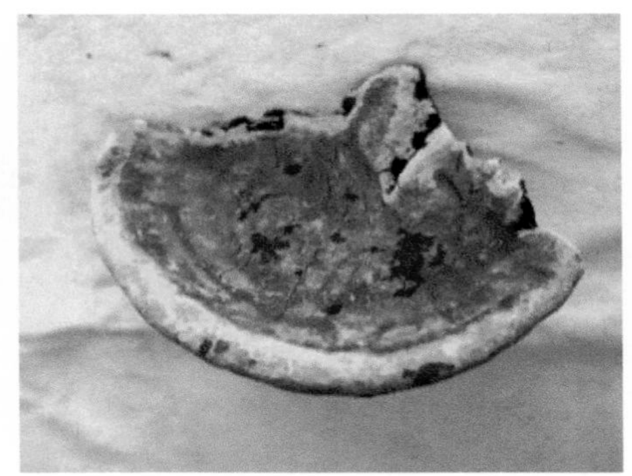

〈그림 4-1〉 목질진흙버섯 자실체 (좌; 표면, 우; 뒷면)

02 균의 생리적 특성

선발균주의 배양적 특성

배지별 균사 생장을 측정한 결과 PDA배지에서 생육이 가장 좋았고 균총의 색택도 노란색이었고 밀도도 양호하였다<표 4-1>. 온도별 균사 생장 측정에서는 고려상황버섯은 30℃에서 생육이 가장 좋았으나 KBM2630에서는 25℃가 가장 양호하여 고려상황버섯에 비해서 저온에서 생장이 더 좋은 특성을 보였다<표 4-2>.

〈표 4-1〉 배지별 균사 생장 특성(경북기술원 2003)

균 주	구 분	PDA	YM	MCM	Hamada	맥아추출물배지
KBM2630	균사생장	7.8	7.4	7.5	6.4	7.6
	균사색택	Y	Y	Y	CY	Y
고려상황	균사생장	7.1	6.2	7.1	5.7	7.1
	균사색택	Y	SB	SY	Y	SB

Y: yellowish, CY: compact yellow, SY: somewhat yellow, SB: somewhat brownish
*배양 온도 25℃, 배양 기간 : 14일, 단위 : cm

〈표 4-2〉 온도별 균사 생장 특성(경북기술원 2003)

		20℃	25℃	30℃	35℃
KBM2630	균사생장	6.0	7.4	6.4	4.0
	균사색택	CY	Y	SY	SY
고려상황	균사생장	3.4	7.1	8.2	4.3
	균사색택	CY	SY	CY	SY

*공시배지 : MCM, 배양 기간 : 14일, 단위 : cm

〈표 4-3〉 균총 형태 특성 및 최적 pH(경북농업기술원 2003)

균 주	균총 밀도	균총 색택	최적pH
KBM2630	높음	황색	6.0
고려상황	보통	황색	6.0

*MCM, 25℃, 14일 배양

MCM배지에서의 생육은 25℃에서 배양 시 KBM2630이 고려상황에서 비해서 균총 밀도가 약간 높았고 최적 생육 pH는 6.0으로 두 균주가 비슷한 특성을 보였다.

톱밥배지별 배양 완성 일수를 조사한 결과 배양이 가장 빠른 톱밥배지는 참나무+버드나무+미강(4:4:2)배지였으며 참나무톱밥 100%처리 톱밥배지가 배양 기간이 가장 길었다〈표 4-4〉. 전체적인 톱밥배지 배양 기간은 KBM2630이 고려상황에 비해서 약간 빠른 특성을 보였다.

〈표 4-4〉 톱밥배지별 배양 완성 소요 일수(경북농업기술원 2003)

균 주	참나무 100%	참나무+버드나무(4:1)	참나무+미강(4:1)	참나무+버드나무+미강(4:4:2)	평균
KBM2630	36	33	35	32	34
고려상황	40	35	35	34	36

*850ml PP병

원목배양 및 자실체 형성 특성

원목배지별 원목 내부의 균사생장을 측정한 결과 참나무 원목에서는 KBM2630과 고려상황 두 균주 모두 비슷한 균사생장을 보였으나 뽕나무 원목 배지에서는 KBM2630이 약간 우세하였다〈표 4-5〉.

자실체의 발생 특성을 조사한 결과 초발이 소요 일수는 고려상황이 12개월인데 비해서 KBM2630이 7개월로 매우 빠른 특성을 보였고 배양 원목의 50%에서 자실체가 발생되는 기간을 조사한 결과 고려상황이 16개월이 소요되는데 비해서 KBM2630이 6개월로 자실체 발생이 고려상황에 비해서 매우 용이하다는 것을 알 수 있었다. 자실체의 발생 및 생육적온의 경우 고려상황에 비해서 KBM2630이 발생 온도와 생육적온이 약간 저온임을 알 수 있었다<표 4-6>.

자실체의 형태적 특성은 두 균주 모두 단생형으로 발생하였고 단면형태도 말굽형에 황갈색으로 생육하였으며 자실체 이면의 포자공도 갈색이었다<표 4-7, 4-8>. 자실체의 개체특성도 무게의 경우 KBM2630이 약간 무거웠고 장단경, 두께도 KBM2630이 약간 컸다.

〈표 4-5〉 원목배지별 원목내부 균사생장(경북농업기술원 2003)

균 주	참나무		뽕나무	
	균사생장(cm)	오염률 ∫	균사생장(cm)	오염률 ∫
KBM2630	4	++	6	+++
고려상황	4	++	5	+++

* – : 오염 없음, + : 5% 미만, ++ : 10% 미만, +++ : 15% 미만, ++++ : 20% 미만
**접종 60일 후

〈표 4-6〉 자실체 발생 및 생육 특성(경북농업기술원 2003)

균 주	초발이 소요기간*	자실체 발생 최적온도	자실체 생육 적온	자실체 50% 발생 소요기간**
KBM2630	7개월	21~28℃	15~25℃	6개월
고려상황	12개월	25~29℃	26~30℃	16개월

* 종균접종 후 첫 자실체 발생 소요 기간
** 원목매몰 후 배양원목의 50%에서 자실체가 발생하는 소요 기간

〈표 4-7〉 자실체의 형태적 특성(경북농업기술원 2003)

균 주	자실체 발생형	단면 형태	표면색택	이면(포자공)색택
KBM2630	단생형	말굽형	황갈색	갈색
고려상황	단생형	말굽형	황갈색	갈색

〈표 4-8〉 자실체의 개체 특성(경북농업기술원 2003)

균 주	개체무게*(생체중, g)	장경, 단경(mm)	두께 (mm)
KBM2630	55	110, 60	38(27~41)
고려상황	45	100, 50	30(26~40)

* 건조 시 생체중량의 50~60%로 감소

지역별로 농가실증시험을 실시한 결과 KBM2630 균주가 고려상황에 비해서 배양율이 약간 높았고 원목배지 접종 시 참나무에 비해서 뽕나무 원목에서 배양완성율이 약간 높았고 원목당 수량성은 2년차 생육시 원목당 25~35g 정도로 최소한 2년차 생육 완료 후 수확이 가능하였다<표 4-9>.

〈표 4-9〉 지역별 배양 및 수량 특성(경북농업기술원 2003)

지역	균주	배양완성률(%)	배양완성 일수	원목당 수량성(g)	비고(재배연도)
문경	고려	80(뽕나무)	80	1년차 : 10이하 2년차 : 15~30	2002~2003
	KBM2630	90(뽕나무)	65	1년차 : 10이하 2년차 : 25~35 3년차 : 40~60	1999~2003
상주	고려	70(참나무)	75	1년차 : 10이하 2년차 : 15~25	2002~2003
	KBM2630	80(참나무)	75	1년차 : 10이하 2년차 : 25~30	1999~2003

03 재배사 구조

재배사는 버섯이 생육하기에 적당한 조건이 되도록 설계해야 한다. 그 중에서도 최적 온도를 지속적으로 유지할 수 있어야 하며, 관수에 의한 습도 조절이 가능하고, 버섯 발생 및 생육에 필요한 빛, 버섯생육에 필요한 환기 시설 등이 갖추어져야 한다. 재배사를 지을 장소로는 저지대나 습한 곳은 피해야 하며, 급수가 가능하고, 토양의 배수가 양호한 곳이 좋다.

재배사 크기

재배사의 크기는 재배 장소의 위치, 인력 동원 능력 등을 고려하여 결정하며, 재배사 면적은 1개 동당 99~165㎡(30~50평) 정도가 관리하기 편리하고, 고품질의 버섯을 생산할 수 있다. 재배사의 면적이 1개 동당 264㎡(80평) 이상이 되면 고온기에는 재배사의 온도가 버섯 생육 적온보다 높고, 환기가 불량하여 병이 발생하기 쉽다. 또한 재배사의 규모가 99㎡(30평) 이하가 되면 건조가 심하여 습도 관리가 어렵다. 재배사의 너비는 4.5~7.2m까지 가능하나, 관수와 환기를 용이하게 하기 위해서는 5.0m가 적당하다.

재배사 시설

재배사는 지름이 21㎜인 원형 파이프나 40×20㎜인 사각파이프를 사용하여, 양쪽 측면은 높이가 130㎝, 중앙 부위는 220~310㎝가 되게 골조를 세우고, 파이프 간격은 70~80㎝가 유지되게 시설한다. 재배사의 보온재는 먼저 0.04㎜ 비닐을 덮은 후 그 위에 캐시밀론 8온스(2.2×27m) 제품을 덮고 다시 비닐을 덮은 다음, 차광률 70% 이상의 차광막을 덮는다. 재배사 위에 30~100㎝ 공간을 두고 차광막을 다시 설치하면 여름철 고온으로 인한 피해를 줄일 수 있다.

재배사 내부는 작업을 편리하게 하기 위해서 앞뒤에 출입문을 만들고, 재배사 위 천장에는 125×40㎝ 크기의 환기창을 설치하며, 측면에는 3~4m 간격으로 45×45㎝ 크기의 흡기구(창문)를 설치하여 환기가 이루어지도록 한다.

04 재배기술

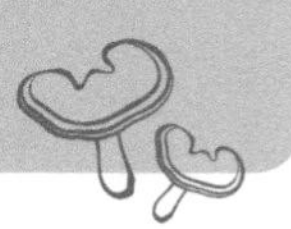

원목재배

진흙버섯의 재배 과정은 <그림 4-2>에서와 같이 원목조제, 종균접종, 원목배양, 원목매몰, 버섯발생의 과정으로 나눌 수 있다.

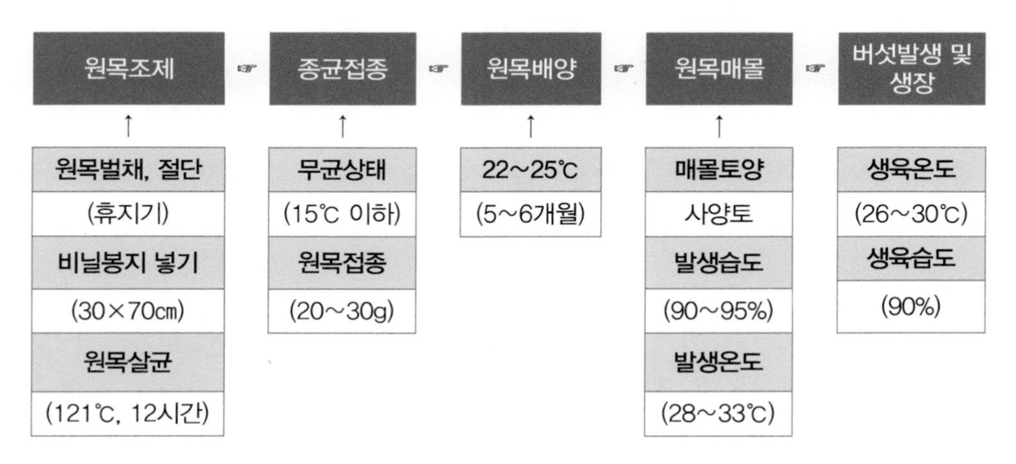

〈그림 4-2〉 진흙버섯의 원목재배 모식도

가. 원목 선택

진흙버섯은 다년생이므로 재배용 원목의 수종은 재질이 단단한 뽕나무가 가장 좋으며 상수리나무, 떡갈나무, 졸참나무, 굴참나무 등 참나무류도 가능하나 수피가 부착되어 있어야 한다. 참나무류 중에서는 상수리나무와 졸참나무가 가장 적합하며, 굴참나무는 표피층이 두꺼워 원목의 건조 기간이 길며, 물참나무는 균사생육은 빠르나 재질이 연하여 수명이 짧은 단점이 있다. 사과나무 등 재질이 연한 수종은 수피가 얇아 균사가 쉽게 사멸되며 생산성이 낮아 부적합하다. 원목의 굵기는 직경 7㎝ 이상이면 사용이 가능하나 10~15㎝가 가장 적합하다.

나. 원목 조제 및 살균

원목의 벌채는 수액의 이동이 정지된 초겨울부터 이듬해 2월경까지가 가장 적합하다. 이 시기에는 원목에 영양원이 가장 풍부하게 함유되어 있고 수피도 목질부에 단단하게 밀착되어 있다. 원목 벌채 후 원목 내의 수분이 자연 증발하도록 잔가지는 자르지 않는 방법과 벌채 후 1.2m 정도로 절단하는 방법이 있다. 후자의 경우 절단된 원목을 통풍이 잘되는 장소에 정(井) 자 모양으로 쌓아서 1~2개월 건조시킨 후 사용한다. 벌채한 원목 위에 차광막을 치거나 나뭇가지 등을 이용하여 직사광선을 가려 주면서 수분 함량이 40~42%가 될 때까지 음건시킨다. 원목의 수분은 원목의 절단면에 가는 금이 가는 것을 기준으로 판단한다.

(1) 단목 자르기

원목을 자연 건조시켜 수분 함량이 40~42% 정도가 되는 3~4월경 (접종 시기)에 길이 15~20㎝ 내외로 짧게 자르면서 비닐봉지에 넣을 때 비닐이 뚫어지지 않도록 절단면의 끝 부분을 다듬어 둔다.

(2) 비닐봉지 제조

진흙버섯 재배에 이용되는 비닐은 100℃ 이상에서 녹지 않는 내열성으로 두께가 0.03㎜인 비닐은 두 겹으로, 0.05㎜인 비닐은 한 겹으로 봉지를 만든다. 원형(롤)으로 되어 있는 비닐은 60~100cm 길이로 절단하여 중앙부를 잡아매고 뒤집어서 긴 2중 자루가 되도록 하며, 느타리 재배용 비닐봉지의 경우에는 두께가 얇으므로 두 개를 겹쳐서 사용한다.

(3) 단목 넣기

원목의 수분 함량이 부족하여 살균이 잘 안 되면 균 활착 및 생육이 저조하여 잡균 발생률이 높아지므로 단목을 비닐봉지에 넣기 전에 수분을 조절해야 한다. 단목이 너무 건조되어 수분 함량이 40% 이하이면 하루 정도 침수시켜 수분을 충분히 보충한 후 살균을 한다. 원목의 살균은 진흙버섯 재배에서 중요한 과정으로 원목을 연화시키기 위해서는 장시간 살균을 해야 하므로 원목의 수분 함량이 매우 중요하다.

단목을 비닐봉지에 넣는 방법은 미리 준비된 내열성 비닐봉지를 단목의 위에서 아래로 씌워 뒤집은 후, 여분의 비닐을 잡아당겨 원목과 비닐 사이에 공간이 많이 생기지 않도록 하면서 상부의 비닐을 오므린 다음 종균 형성틀의 내부로 비닐을 꺼내면서 형성틀이 원목의 단면 중앙에 위치하도록 한다. 형성틀 위로 올라온 비닐을 잡아당기면서 형성틀을 고정시킴과 동시에 비닐을 바깥쪽으로 젖히고 플라스틱 뚜껑 또는 면전(솜마개)으로 마개를 하여, 나중에 종균을 접종할 수 있도록 한다. 원목을 비닐봉지에 넣을 때 비닐이 파손되지 않도록 세심한 주의를 해야 한다. 영지버섯 개량단목재배 시에 사용하는 형성틀 이용 방법 외에 PVC관, 고무밴드 또는 비닐끈 등으로 입구를 막아도 된다. 목질진흙버섯은 원목 내 균사 활착이 매우 늦으므로 참나무 잎이나 톱밥 등의 증량제를 첨가하면 균 활착이 양호하나 완전한 살균이 이루어지지 않으면 잡균 발생이 높다.

(4) 원목 살균

고압살균은 짧은 시간 내에 원목을 살균할 수 있는 장점이 있다. 살균 요령은 살균기 내부의 온도가 108℃까지 올라가는 동안 적당량씩 계속 배기를 하거나, 배기를 하지 않은 상태에서 108℃까지 올린 후 10~15분간 배기를 한 다음 121℃에서 12~14시간 살균한다. 이때 주의해야 할 점은 살균 중에도 조금씩 계속 배기를 해주어야 한다는 것이다. 만약 배기를 갑자기 실시하면 형성틀 뚜껑이 열리는 경우가 생긴다. 고압살균 시 살균기 내에 원목을 쌓는 방법은 선반형 운반차를 이용하는 것이 편리하다. 원목을 너무 많이 쌓고 살균하면 중앙부에는 열 침투가 안 되어 살균이 불완전하게 된다. 원목 살균이 끝난 다음에는 압력이 떨어진 후 살균기 문을 열고 원목을 꺼내 접종실로 옮긴다.

상압살균은 고압살균에 비해 시간이 오래 걸려 작업 능률이 떨어지고 연료 소비량이 2배 정도 더 많아지는 단점이 있으나, 시설비가 절감되고 원목을 대량 살균할 수 있으며 보일러 취급 시 법적 제재를 받지 않는 장점이 있다. 이 방법은 살균기 내의 온도를 98~100℃로 유지하면서 원목을 살균하는 방법으로 상압 살균 시에도 배기는 조금씩 계속하여야 한다. 상압 살균은 원목을 100℃에서 20~24시간 유지한 후 접종실로 옮겨 냉각시킨 다음 접종 작업을 한다. 살균 시간이 너무 짧아 원목의 연화 시간이 부족하면 균 활착률이 매우 저조하다. 고압살균의 시간에 따른 균사활착률을 비교해 보면 장수상황(*P. baumii*)은 121℃에서 8시간 살균하면 100%의 원목 활착률을 보였으나, 목질진흙버섯은 8시간 살균에서 45.5%, 12시간에서 94.4%의 균 활착률을 보였다. 이러한 결과를 볼 때 목질진흙버섯 재배 시 원목 살균 시간은 최소한 12시간 유지해야 한다.

〈표 4-10〉 살균 시간이 진흙버섯의 균사 활착에 미치는 영향 (1998, 농과원)

종 류	살균시간별 활착률(%)			
	8시간	10시간	12시간	14시간
목질진흙버섯	45.5	62.8	94.4	100
장수상황버섯	100	100	100	100

다. 종균 접종 및 배양

(1) 종균 선택

종균은 균사 활력이 왕성하며 노화되지 않고, 잡균에 오염되지 않아야 한다. 진흙버섯 품종은 농촌진흥청 농업과학기술원에서 개발한 목질진흙버섯 계통의 고려상황버섯(*Phellinus linteus*)과 경북농업기술원에서 등록한 마른진흙버섯(*P. gilvus*), 그리고 버섯 발생이 비교적 용이한 장수상황버섯(*P. baumii*)이 품종으로 등록되어 있다.

(2) 종균 접종

살균이 끝난 원목은 종균을 접종하기 전에 반드시 온도를 점검하여 25℃ 이하일 때 접종 작업을 실시해야 하며, 종균을 접종할 때에는 무균상이나 무균실을 이용하면 편리하다. 무균실의 구비 조건은 외부의 오염된 공기가 들어가지 못하도록 해야 하며, 가능하면 온도를 15℃ 이하로 건조하게 관리하는 것이 잡균 오염을 줄일 수 있다. 무균실 사용 시에는 접종 하루 전에 청소를 하고, 알코올 70% 용액으로 소독을 한 후 사용한다. 무균상을 이용할 경우에도 자외선살균등을 미리 켜 놓아야 하며, 종균 접종 전에 살균등을 끄고 무균상 내는 알코올로 깨끗이 닦아 내야 한다. 종균 접종이 계속되는 동안 무균상의 공기 여과 팬을 계속 작동시킨다. 접종 방법은 톱밥종균을 원목 1개당 20~30g씩 많게는 100g씩 접종하는데, 접종원이 단면 상단에 고루 퍼지도록 해야 균사 활착이 빠르다. 이때 접종 스푼은 접종 전에 화염 소독을 하고, 접종이 계속되는 동안에도 수시로 화염 살균을 한 후 사용해야 한다. 또한 접종 시에는 종균 주입구가 알코올 램프의 불꽃으로부터 멀리 떨어지지 않도록 한다. 톱밥종균 접종은 접종량이 많이 소요될 뿐만 아니라 종균이 딱딱하여 접종하기 어렵고, 균사 활력이 약한 단점도 있어 현재에는 곡립종균을 많이 사용한다. 곡립종균은 밀로 되어 있어서 접종이 용이하고 균 생존력이 강한 장점이 있다. 이 외 대량으로 접종할 수 있는 액체 종균이 있으나 균 활착률이 떨어진다.

(3) 원목 배양

접종이 완료된 원목은 22~25℃ 내외로 조절이 가능한 배양실이나 재배사에 옮겨 균사가 생장하도록 한다. 균사 배양 기간은 원목의 크기에 따라 약간의 차이는 있으나 일반적으로 목질진흙버섯은 5~6개월, 장수상황버섯은 2~3개월이 소요되며 균 배양이 미숙한 원목을 매몰하면 잡균에 오염된다. 균 배양 기간 중 잡균에 오염된 원목은 골라 내어 깨끗한 물로 씻은 다음, 벤레이트나 판마시 1,000배 용액에 씻어 비닐에 넣은 후 재살균을 하면 다시 균 배양이 가능하다.

라. 원목 매몰 및 생육 관리

재배사는 최적 온도를 지속적으로 유지할 수 있고, 관수에 의한 습도 조절이 가능한 30~50평 규모가 관리하기 편리하며 기존의 영지 재배사도 보수하여 사용할 수 있다. 재배사의 토양은 배수가 양호하며 습도 유지가 잘 되는 사양토가 적당하며, 원목 매몰 시기는 자연 조건하에서 5~6월까지 가능하다. 매몰 방법은 재배사의 지면을 편평하게 고른 후 원목을 싼 비닐과 단목 표면의 접종원을 제거하고 묻는다. 장수상황버섯은 표피에 부착되어 있는 균피를 제거한 후 매몰하면 자실체가 발생하지만, 목질진흙버섯을 배양한 뽕나무 원목은 균피를 제거하지 않고 매몰해야 한다. 즉, 참나무류는 원목의 수피가 두꺼워서 주변의 잡균에 어느 정도 보호 능력이 있으나 뽕나무는 수피가 얇아서 균 배양이 완전하지 않은 원목의 균피를 벗겨내고 매몰하면 잡균에 쉽게 오염된다. 원목을 지면에 놓을 때는 균사가 잘 자란 면이 위로 향하도록 하고 원목과 원목 사이의 간격은 원목의 단면 크기만큼 띄운다. 그 다음 배수가 양호한 사양토로 원목을 1/2 정도 묻고 노출된 원목의 표면은 건조되지 않게 깨끗한 양토로 2~3㎝ 덮는다.

원목 묻기가 완료되면 토양 표면의 마른 부분이 젖을 정도로 매일 1회 정도 관수하여 실내 습도를 90~95%까지 높이고, 실내 온도는 28~30℃로 유지한다. 버섯 발생 시에 탄산가스의 농도는 1.5~2.0%가 알맞으므로 가능한 한 환기를 억제하고 재배사 내의 온도가 높을 때만 환기를 실시한다. 여름철 관수 후에는 자실체 아래 포자층에 남아 있는 물기를 제거하기 위하여 충분히 환기를 시켜야 한다. 고온 다습한 재배사 환경에서 물기가 남아 있으면 푸른곰팡이 등 병원균에 쉽게 오염될 수 있다. 목질진흙버섯의 자실체는 일반적으로 원목을 매몰한 다음 해에 발생한다. 버섯이 발생하면 재배사 온도는 26~28℃로 낮추어 관리한다. 재배사의 관수는 증발량이 적은 봄에는 2일에 1회, 여름철에는 매일 관수하여 습도를 유지하며, 가을에는 서서히 관수량을 줄인다. 토양이 사토이면 사양토보다 관수량을 늘려야 한다. 겨울에는 자실체 생육에 적합한 조건을 유지해도 여름보다 생육 속도가 늦으므로 특별히 가온할 필요는 없다. 그러나 자실체가 얼면 다음해 다시 생육하는 데 많은 시간이 소요되므로 재배사 내의 온도는 영상을 유지하는 것이 좋다. 버섯이 토양 표면에 접하여 발생하면 습도가 부족한 환경이므로 습도를 높이고 매몰한 원목을 들어 올려 토양 등 이물질이 버섯 포자층에 혼입되지 않도록 해야 상품가치를 높일 수 있다<그림 4-3>.

〈그림 4-3〉 지표면에서 발생하는 자실체(좌) 및 이물질 혼입(우)

마. 수확

진흙버섯은 다년생 버섯이기 때문에 5~7년 생장한 것이 상품성이 우수하지만 조기에 수확하고자 할 때는 장수상황버섯은 당해에 수확이 가능하나 목질진흙버섯은 2년 이상 생장한 것을 수확해야 한다. 수확할 때는 개체의 무게가 20 g 이상이고 조직이 단단한 버섯만 선별하여 거두어들인다.

수확한 버섯은 수분 함량이 높지 않아 자연 건조도 가능하나 수량이 많으면 열풍건조를 하는 것이 좋다. 열풍 건조 시에는 30~40℃로 조절된 건조기에서 하루 정도 건조시킨다.

톱밥재배

진흙버섯의 톱밥재배는 기계화가 가능하고 재배사의 이용률을 증대시킬 뿐만 아니라 연중 계획 생산을 할 수 있는 장점이 있다. 그러나 일정한 기본시설을 갖추어야 하기 때문에 초기 투자 비용이 많이 들고, 목질진흙버섯 계통은 재배하기 어려운 단점이 있다.

가. 재배시설

진흙버섯은 생육 환경에 민감한 버섯이므로 생육하기에 알맞은 환경이 유지되도록 재배사를 시설하여야 한다.

톱밥재배를 하고자 할 때는 작업실, 냉각실, 접종실, 배양실, 재배사 등을 구비하여야 한다. 톱밥재배로 한번에 1,200병을 생산하고자 할 때는 작업실 면적 13평, 냉각실 3.6평, 배양실 면적은 29평이 되도록 시설해야 한다.

나. 재배기술

수량을 증대시키고 품질이 좋은 버섯을 생산하기 위해서는 배양병 내의 배지가 영양이 풍부하여 균사의 축적량이 많아야 한다. 따라서 배지는 톱밥, 미강, 물의 혼합 비율이 적당해야 한다.

(1) 배지 조제

진흙버섯의 톱밥재배에는 뽕나무나 참나무 등 재질이 단단한 활엽수의 톱밥이 적당하며, 재질이 연한 수종은 균사생장은 빠르나 균사밀도가 낮아 재배에 어려움이 많다. 따라서 균사생장이 빠른 참나무 톱밥과 균사생장은 늦으나 균사밀도가 높은 뽕나무 톱밥을 혼합하여 사용하는 것이 유리하다.

목질진흙버섯은 균사생장이 늦어서 톱밥재배는 극히 어렵고 마른진흙버섯(*P. gilvus*)과 장수상황버섯(*P. baumii*) 등 몇 종만 가능하다.

진흙버섯의 톱밥재배 시 톱밥만으로는 균사생장 및 자실체 발생에 요구되는 영양을 충분히 공급할 수 없으므로 일정량의 쌀겨(미강)와 같은 영양원을 첨가하여야 한다. 진흙버섯의 톱밥재배에 사용할 톱밥은 3~5㎜의 체로 쳐서 찌꺼기를 제거하고 쌀겨는 고운 체로 쳐서 부스러진 쌀알을 모두 제거한 후 사용해야 균 배양 시 잡균 발생이 적다. 배지의 재료 배합은 뽕나무 톱밥과 활엽수 톱밥을 부피비(v/v) 70:30으로 혼합한 후에 톱밥 전체량을 기준으로 하여 톱밥과 쌀겨를 부피비(v/v) 80:20으로 다시 혼합하고 탄산칼슘을 0.2% 첨가한다. 뽕나무 톱밥은 구하기가 어렵지만 뽕나무 톱밥을 사용하면 진흙버섯의 균사 색택이 진노란 색으로 되며 활력도 강한 특성이 있다. 재료 배합 시 쌀겨 첨가량이 증가하면 자실체의 발생이 양호하고 수량도 증가하나 잡균 발생이 많고 배지의 물리성이 불량해져 균사의 생장기간이 길어진다. 톱밥배지의 수분 함량이 과다하면 산소가 부족하여 균사생장이 늦어질 뿐만 아니라 자실체 발생도 불량해진다. 진흙버섯 재배 시 톱밥배지의 수분 함량은 65~70%가 적당하며, 80% 이상과 60% 이하에서는 균사생장이 지연된다.

배지를 병에 넣을 때(입병) 온도가 높은 시기에는 배지가 변질되기 쉬우므로 가능한 한 빠른 시간 내에 병에 넣는다. 병에 넣는 배지의 양(입병량)은 병 용량 1,200cc에 730~750g씩 넣고 표면을 다진 다음 직경 1.5~2.0㎝의 막대기로 병 중심부의 배지 상부에서 밑바닥까지 구멍을 뚫고 마개를 막는다.

(2) 살균

살균의 목적은 배지에 혼입되어 있는 잡균을 모두 제거하고 배지 내에 있는 성분을 버섯균이 이용하기 쉬운 형태로 변화시키며 물리성을 연화시켜 버섯균이 잘 자라도록 하기 위한 것이다. 입병 작업이 완료된 배지는 영양분이 풍부하여 즉시 살균하지 않으면 잡균에 오염되어 효소나 독소를 분비한다. 오염 후에는 살균을 해도 버섯균이 잘 자라지 못하므로 빠른 시간 내에 살균을 하여야 한다.
살균 방법에는 98~100℃에서 살균하는 상압살균 방법과 살균솥 내의 압력을 1.0~1.2kg/㎠ 로 해서 121℃의 높은 온도에서 살균하는 고압살균 방법이 있다. 상압살균은 장시간 살균을 해야 하므로 연료비가 많이 드는 단점이 있으나 배지의 연화 상태가 좋아 버섯 균사 생장이 양호하다. 고압살균은 살균 시간이 단축되어 연료비가 절감되고 유해한 잡균을 단시간에 사멸시킬 수 있는 장점이 있어 대부분 이 방법을 사용한다. 고압살균은 입병된 병을 살균솥 내에 넣고 문을 잠근 뒤 수증기를 서서히 넣어 살균솥 내의 압력이 0.7kg/㎠ 정도 되었을 때 배기 밸브를 열어 살균기 내와 배지 내의 공기를 제거하고 서서히 압력을 높여 1.0~1.2kg/㎠, 즉 121℃에서 60~90분간 살균한다. 살균 중에는 수증기와 함께 적은 양의 공기가 들어가므로 항상 배수 밸브를 열어 둔 상태에서 살균을 해야 한다.

(3) 종균 접종 및 배양

살균이 끝난 배지는 냉각실에서 60~70℃까지 식히며 냉각실이 없는 경우에는 무균실로 바로 옮겨 충분히 냉각시킨 다음 종균을 접종한다. 접종은 살균된 배지의 온도가 18~20℃ 정도 되었을 때 무균 상태에서 한다. 접종량은 재배병 100cc당 0.8~1.0g, 즉 1,200cc 병일 경우에는 약 10~11g을 접종하면 된다.
버섯 재배 시 가장 문제가 되는 것은 잡균 발생으로 잡균은 대부분 종균을 접종할 때 접종원이나 공기 중에서 들어가 오염된다. 따라서 접종원은 사용하기 전에 철저히 검사하여 잡균이 발생하지 않은 종균을 사용해야 한다.
종균 접종이 끝난 배지는 배양실로 옮겨 균사를 생장시킨다. 배양실의 온도가 낮으면 균사 배양 일수가 길어질 뿐만 아니라 배지의 표면이 건조해지고 균사가 노화되어 버섯 발생이 불량하게 된다. 진흙버섯의 균사 생장 온도는 10~38℃이지만, 최적 온도는 25~30℃이다. 배양실의 실내 습도를 65~70%로 유지하면서 온도를 22~25℃로 조절하면 배양병 안의 온도는 28~30℃가 유지된다. 배양 기간은 배양 온도에 따라서 차이가 있으나 대략 35~40일이 소요된다.

(4) 버섯 발생 및 생육

배양이 완료된 병은 보온덮개 비닐 재배사나 판넬 재배사로 옮기고 재배사 내의 온도를 25~30℃로 유지하면서 2~3일이 경과한 다음 병의 마개를 열고 실내 습도를 90~98%로 유지한다. 재배사 내의 온도 편차가 크면 병 안에 응결수가 생겨 세균에 오염되기 쉽다. 또한 재배 과정 중 온도의 편차가 크면 버섯 표면에 굴곡이 생겨 품질이 저하된다. 버섯 생육 기간 중에 실내 습도를 80~90%로 유지하는 것보다 90~98%로 유지하면 자실체의 수량은 높으나 잡균이 많이 발생하므로 90~95%로 유지하는 것이 안전하다.

균사체 덩이 형성 시 환기량을 증대시켜서 실내 탄산가스의 농도를 낮게 유지하면 덩이의 두께가 얇고 수량이 낮아지므로 배지 표면의 CO_2 농도가 0.3~0.6%를 유지하도록 해야 한다.

(5) 수확

재배사 내의 온·습도와 CO_2 농도가 알맞을 경우 덩이유기일로부터 10~15일이 경과하면 덩이가 형성되기 시작하여 23~30일 후에는 버섯 표면이 단단해지고 생육이 정지되므로 이 시기에 수확하여 건조한다.

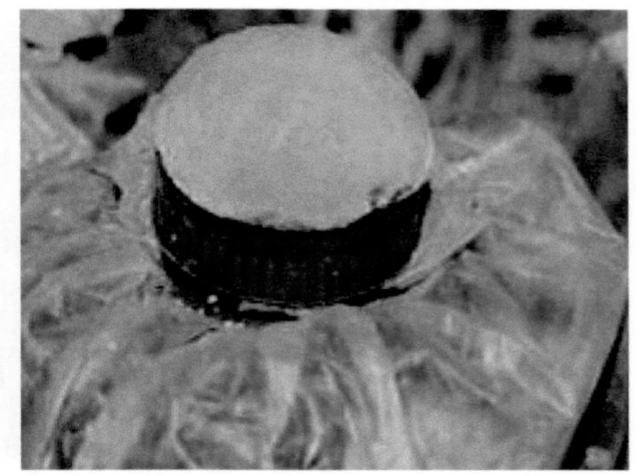

〈그림 4-4〉 톱밥을 이용한 균사덩이 생산

05 건강기능성

말똥진흙버섯(*Phellinus igniarius*)은 예부터 지혈(止血), 활혈(活血), 화음(化飮) 등의 작용이 있어 자궁출혈(崩漏帶下), 생식기 종양(症瘕積聚), 소화기 종양(癖飮積聚), 장출혈 등의 치료제로 이용되었으며, 목질진흙버섯(*Phellinus linteus*)은 중풍, 복통, 임질, 해독, 이뇨, 건위, 이질 등의 치료제로 이용되었다. 진흙버섯류에 대한 최근의 약리성 연구는 1968년 이케카와(Ikekawa) 등이 목질진흙버섯(*Phellinus linteus*), 말똥진흙버섯(*P. igniarius*) 등에서 항암성분을 보고하면서 활성화되었다. 목질진흙버섯과 말똥진흙버섯의 흰쥐에 대한 종양저지율은 각각 96.7%, 87.4%로서 구름버섯(77.5%), 표고버섯(80.7%)보다 높으며, 특히 목질진흙버섯은 담자균류 중 가장 높은 수치였다. 또한 육종암 세포인 사코마(sarcoma) 180을 접종한 생쥐의 종양 완치율에서도 목질진흙버섯은 8마리 중 7마리(88%), 말똥진흙버섯은 9 마리 중 6 마리(67%)가 완치되어 가장 높은 수치를 나타내었다(Ikekawa 등, 1968).

복령

1. 역사적 고찰
2. 분류학적 특징
3. 생육 환경
4. 재배 기술
5. 재배지 관리 및 수확
6. 건강기능성
7. 향후 전망

01 역사적 고찰

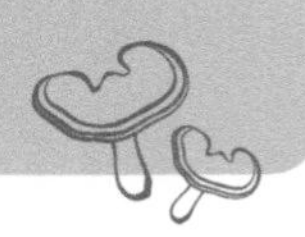

복령은 옛날부터 오래 먹으면 신선이 되는 약으로 이름 높다. 고서에는 복령을 먹고 신선처럼 되어 몇백 년을 살았다는 이야기가 여럿 나온다. 중국 당(唐)나라 손진인이 저술한 '침중기(枕中記)'에는 "복령을 100일만 먹으면 모든 병이 없어지고, 200일을 먹으면 밤낮으로 잠을 자지 않아도 피로나 괴로움을 느끼지 않으며, 3년을 계속 복용하면 귀신을 마음대로 부릴 수 있으며, 4년을 계속 복용하면 도인이 될 수 있다"라고 기재되어 있으며, 또한 "복령을 지니고 다니면 잡귀가 스스로 물러나며, 섭취하면 득도가 빨라 식사로 대용하였다"고 한다. '선경(仙經)'에는 "음식 대신 먹으면 좋다. 정신을 맑게 하고 혼백을 안정시키며 대·소장을 좋게 하며 가슴을 시원하게 한다. 또한 영기(榮氣)를 고르게 하고 위를 좋게 하므로 제일 좋은 약이며 곡식을 먹지 않아도 배고프지 않다"고 쓰여 있다. 명나라 이시진의 '본초강목(本草綱目)'에는 "복령은 큰 소나무 뿌리 부근에서 묘와 꽃이 없이 생기며, 적색과 백색 두 종류가 있다"라고 기록되어 있다. 또한 이조시대 허준의 '동의보감(東醫寶鑑)' 탕액편(湯液篇)에는 "송진(松脂)이 땅속에 흘러들어가서 천년 만에 복령이 되고, 뿌리를 다듬고 경허한 것이 복신이 된다"라는 기록이 있다. 동의보감에 가장 먼저 소개된 한약이 경옥고인데 복령, 인삼, 지황, 꿀을 섞어 만든 약이다. 복령의 약효에 대해 동의보감(東醫寶鑑)에는 "맛은 달고 심심하며 성질은 평하다. 폐경, 비경, 심경, 방광경에 작용한다. 소변을 잘 보게 하고 비를 보하며 담을 삭이고 정신을 안정시킨다"라고 적혀 있고 또한 "입맛을 좋게 하고 구역을 멈추며 마음과 정신을 안정시킨다. 폐위로 담이 막힌 것을 낫게 하며 신장에 있는 나쁜 기운을 몰아내며 소변을 잘 나오게 한다. 수종과 임병(淋病)으로 오줌이 막힌 것을 잘 나오게 하며 소갈을 멈추게 하고 건망증을 낫게 한다"고 적혀 있다. 복령은 이와 같이 이뇨작용, 진정작용, 심장수축 강화 작용이 있어 전통의학에서는 진정작용과 이뇨작용, 강장 등의 목적으로 십전대보탕·오적산·오령산·소풍산 등의 처방에 이용되고 있는 한약재이다.

복령은 구황식물로도 중요하여 흉년이나 배고플 적에 흔히 먹었다. 복령을 오래 먹으면 몸이 가볍게 되어 늙지 않고 오래 살게 된다고 한다. 복령은 소변을 잘 나오게 하고, 위장을 튼튼하게 하며 마음을 안정시키는 작용이 있다.

복령은 여러 책에 "복령균(茯笭菌, Poria cocos)은 담자균아문(擔子菌亞門), 균심균강(菌蕈菌綱), 구멍장이버섯과(多孔菌科), 복령속(Poria)에 속하는 버섯류"로 정의되어 있으니 '버섯'일 텐데 우리가 알고 있는 느타리버섯, 표고버섯 등의 버섯과는 도무지 연결이 안 된다. 결론부터 말하자면 우리가 일반적으로 버섯이라고 부르며 식용 또는 약용으로 이용하는 부위는 자실체이며, 약용버섯 중 일부 종은 자실체보다는 땅속에서 형성되는 균핵을 한약재로 이용한다. 자실체를 약재로 이용하는 영지버섯, 상황버섯과는 달리 복령과 저령 등 땅속에서 균사가 뭉쳐지는(결령, 結笭) 일부 종은 자실체보다는 균핵을 약으로 이용한다.

복령은 균핵의 내부 색택에 따라서 백복령, 적복령으로 구분하며 특히 소나무 뿌리를 감싸고 형성된 것을 복신이라 하며 한방에서는 백복령과 복신을 선호한다.

〈그림 5-1〉 야생 복령

02 분류학적 특징

복령은 자연계에서 일반 버섯류와 동일한 생활사를 거치면서 균사가 증식되어 균핵을 형성하거나 자실체를 형성하면서 생활하게 된다.

복령의 균사체는 영양기관이고 자실체는 번식기관이며, 균핵(복령)은 각종 양분의 저장기관이라고 할 수 있다. 인공재배 시에는 자실체를 형성시켜 포자를 이용하는 기회는 적으며, 복령에서 무성적으로 균사를 얻고 이를 증식하여 종균을 만든 후에 균핵을 형성하도록 하는 기술이 실제적으로 실용성이 있는 방법이다. 이와 같은 복령의 일생을 각 과정별로 설명하면 다음과 같다.

균사체(菌絲體)

균사는 현미경으로 관찰하여 보면 격막(膈膜)이 없는 많은 섬유상 세포로 구성되어 있다. 균사체의 세포 증식이나 분지 생장, 핵상(核相) 교환방식 등의 생식 과정은 일반 담자균과 동일한 형식으로 이루어지고 있다.

균핵(菌核)

균핵은 다량의 균사체가 밀집하여 이루어지는 영양번식으로 적당한 조건에서 어린 복령이 형성되기 시작하며, 더욱 팽대하게 되면 휴면기관으로서 다량의 영양물질을 저장할 수 있게 된다. 즉, 균핵은 균사체가 소나무 등 목재류의 셀룰로스 또는 헤미셀룰로스 등을 분해하고, 영양분을 끊임없이 흡수·전이(轉移)시켜서 큰 집결체를 형성한 것이다.

균핵은 수분이 있을 때에는 조직이 연하여 쉽게 절단될 수 있으나, 일단 건조된 균핵은 질기고 단단하여 쉽게 부서지지 않는다. 그러므로 균핵(복령)을 가공할 때에는 수분이 있을 때 표피를 벗기고 절단한 후에 음건시켜 이용하는 것이 좋다.

자실체(子實體)

복령균을 접종한 톱밥배지를 건조한 상태에서 장기간 보존하면 종균병(瓶) 입구에서 동글동글한 벌집 모양의 꽃 같은 자실체가 형성되는 것을 볼 수 있다. 자실체는 일반적으로 버섯의 형태이지만, 식용 등의 실용가치가 없다〈그림 5-2〉.

포자(胞子)

포자는 자실체의 담자기(擔子器) 위에 4개의 담자 포자가 형성되며, 형태는 긴 타원형 또는 원기둥 모양으로서 무색투명하고, 크기는 $6\times2.5\mu \sim 11\times3.5\mu$ 정도로 작다. 포자는 적당한 온·습도 조건에서 발아되어 균사로 발전하므로 번식체로서 활용할 수 있다.

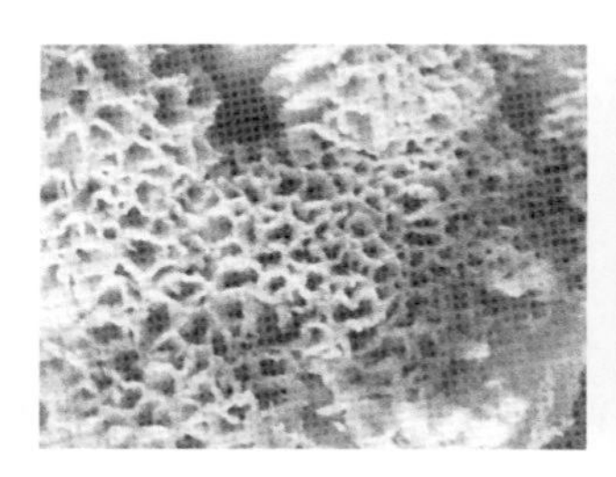
복령 자실체

복령 포자 담자기

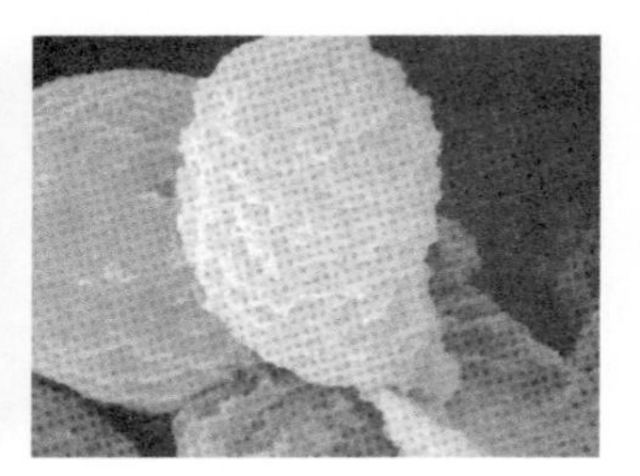
복령 담자포자

〈그림 5-2〉 복령의 유성 생식 기관

03 생육 환경

복령은 일반 버섯류와 마찬가지로 영양분, 온·습도, 산도(pH) 등 각종 조건이 알맞은 상태에서 생장이 왕성하게 된다. 따라서 이들 조건을 잘 조절하여 주는 것이 인공재배의 기본이 된다.

영양원

복령균은 갈색 부후성 사물기생균으로 유기물이 부숙된 상태에서 잘 번식하며, 자연계에서는 소나무 등 목재의 섬유소(셀룰로스)가 풍부한 곳에서 생장하게 된다. 복령균이 번식하기 위해서는 탄소원으로 포도당, 설탕, 섬유소 등이 필요하고, 질소원으로서는 펩톤이나 아미노산 등이 특히 요구된다. 이 밖에 칼슘이나 마그네슘 등이 필요한 것으로 알려져 있어, 이들을 보충시켜 주는 것이 아주 중요하다. 특히 배지에 펩톤을 넣으면 균사의 밀도가 치밀하게 되고 강건하게 자랄 수 있다.

온도

복령균은 땅속에서 생장하기 때문에 온도가 균의 생장은 물론 균핵의 형성과 생육에 가장 큰 영향을 미친다. 복령 균사가 생육하는 온도 범위는 10~35℃이지만 최적온도는 25~30℃이다. 온도가 이보다 높아서 35℃ 이상이 되면 균사는 사멸하거나 노쇠하게 되며, 반대로 온도가 20℃ 이하가 되면 균사의 생장속도가 아주 늦어지고, 5℃ 이하가 되면 생육이 정지된다. 종균을 보관할 때는 0~4℃ 범위에서 저장한다. 복령 포자는 배지상에서 28℃의 온도에서는 4시간 후에 발아하기 시작하며, 자실체는 27℃에서 가장 많이 형성된다.
균핵 형성 시에는 늦가을 낮의 온도인 25℃ 정도로 흙속의 온도가 약간 높았다가 저녁이면 15~18℃로 낮아지는 변온이 필요하다.

수분 함량

복령균은 소나무 톱밥에서 배양할 때 수분 함량 60~65%에서 균사 생장이 가장 양호하다. 그러나 복령균이 토양에서 자랄 때에는 토양의 물리성이 다르기 때문에 최적 수분 함량도 다르다.
복령의 균핵 형성에 알맞은 토양의 수분 함량은 손으로 만졌을 때 촉촉한 50~60%(용수량 %)이다. 수분 함량이 이보다 높아지면 균사 생장이 정지되고 균핵이 형성되지 않는다. 또한 재배지 토양에 물이 고이면 균사 및 균핵이 부패한다. 반대로 수분 함량이 이보다 낮아지면 통기는 잘 되지만 균사가 사멸하게 된다.

빛

빛이 균핵 형성에 직접적으로 영향을 미치지는 않지만 자실체 형성을 촉진시키는 작용이 있기 때문에 종균 배양 완료 단계에는 배양실에 빛이 비치지 않도록 하여 자실체 형성을 억제해야 한다.

산도(pH)

복령균이 소나무의 섬유소를 분해할 때에는 셀룰라아제 효소가 관여하며, 이 효소는 pH 3~6 범위의 약산성에서 활성화된다. 따라서 복령 재배 시 균사가 잘 자랄 수 있는 배지 및 토양의 최적 산도는 4~6의 약산성이 적당하다.

04 재배기술

재배 장소

복령은 한번 심으면 3~4년간 수확이 가능하고 이후 원목만 교체해주면 계속적으로 재배가 가능하므로 재배 장소의 선택이 매우 중요하다. 복령균은 땅속에서 자라면서 결령(結苓)되어 생장하기 때문에 토양의 물리적, 화학적 성질은 균사 생장 및 균핵 형성에도 많은 영향을 미친다. 복령 재배는 다른 작물을 심어 유기질이 많은 곳보다는 새로 개간된 곳이나 야산지가 적지이며, 토양은 비가 와도 물이 고이지 않고 배수가 양호한 양토~사양토가 적당하며 건조하기 쉬운 모래땅(사토)은 피해야 한다. 또한 흙속에 큰 모래 또는 자갈이 많으면 복령이 형성되어 자랄 때 이것들을 속에 넣고 생장하게 되므로 품질이 떨어진다. 재배 장소는 동남쪽의 약간 경사진 곳으로 토양 산도는 pH 4~6이 적당하며, 토양에는 유기질(퇴비) 또는 공해물질이 없어야 한다.

원목 조제

가. 수종 선택

복령 재배에 적합한 수종은 재래종 소나무인 적송(육송) 또는 낙엽송 등이다. 그러나 낙엽송은 표피에 가시가 있어 작업이 불편하고 생산성이 낮은 단점이 있다. 원목의 굵기는 직경 7㎝ 이상이면 사용이 가능하나 10~15㎝ 정도가 가장 적합하다.

나. 원목 벌채

원목의 벌채는 수액의 이동이 정지되는 휴면기인 초겨울부터 이듬해 2월경까지가 가장 적합하다. 가을철 벌채는 단풍이 먼저 들기 시작하는 북향, 서향, 동향, 남향의 순서로 하는데 산의 위쪽부터 아래쪽으로 벌채하는 것이 작업상 편리하다.

다. 원목 절단 및 건조

벌채한 원목은 원목의 굵기와 재배 방법에 따라 20~30㎝의 단목 또는 60㎝의 장목으로 절단한 다음 표피 2면을 벗긴다. 즉, 나무의 둥근 표피를 너비가 3~4cm 정도 되도록 한쪽 면과 맞은편 면을 각각 위에서부터 밑까지 벗겨서 두 면이 마주 보도록 하고 나머지 두 면은 그대로 남겨서 사각형에 가깝도록 한다. 이때 표피는 물론 그 밑의 갈색 속껍질까지 완전히 벗긴다.

절단된 원목의 박피 작업이 끝나면 통풍이 잘되는 장소에 정(井) 자 모양으로 쌓아서 1~2개월 건조시킨다. 건조 장소는 차광막이나 나뭇가지 등으로 덮어서 직사광선을 피하여 음건시킨다. 박피원목의 수분함량은 35~40%가 알맞다. 건조 종료 시기는 원목의 절단면에 가는 금이 가는 것을 기준으로 하든가 또는 껍질이 벗겨진 부분에서 작은 송진 방울이 맺히는 시기로 한다.

종균 선택

농작물의 씨앗에 해당하는 종균은 균사 활력이 왕성하여 활착률이 높으며 노화되지 않고, 잡균에 오염되지 않아야 한다. 복령균은 1994년 농촌진흥청 농업과학기술원에서 개발하여 농가에 보급한 복령 1호균 (ASI 13007) 한 품종이 등록되어 있다. 원목에 접종하는 복령 종균은 톱밥종균이 가장 적합하며, 자가 배양시설이 없는 농가에서는 아직까지 재배 면적이 많지 않기 때문에 정부에서 허가받은 민간 배양소에 미리 예약하여 사용하는 것이 안전하다. 복령 종균은 배양 기간이 약간만 지나도 균사가 쉽게 노화되므로 활력이 강한 것을 선택해야 한다. 종균병 표면의 균사 색깔이 흰색으로 가는 균사가 많고, 종균을 만져보면 단단하고 약간의 탄력이 있는 것이 좋다. 특히 종균 표면의 색깔이 자주색 또는 흑자주색을 띠는 것은 불량한 것이므로 사용하지 말아야 한다.

재배방법

복령 재배방법은 원목에 접종하는 배양 재료에 따라서 톱밥종균 재배, 종령 재배, 접종목 재배 등으로 구분하며, 원목의 배열 상태에 따라서 단층배 열재배법과 적층배열재배법이 있다.

가. 톱밥종균 이용 방법

원목에 톱밥종균을 직접 접촉시켜 땅속에 묻으면 그 안에서 균사가 원목의 목질부에 침투해 생장하도록 하는 비교적 간단한 방법이다. 이 방법은 농가에서 간편하게 접종할 수 있는 장점은 있으나 경험이 없는 재배지나 토양의 환경 조건을 알맞게 조절하지 못할 때에는 실패하기 쉽다.

(1) 재배지 준비 작업

복령 재배할 장소의 땅을 갈고 로타리하여 흙을 부드럽게 한 후 폭 120~150cm 정도의 재배지를 만든 다음 원목 묻을 자리를 5~10㎝ 깊이로 길게 파고 그 위에 접종할 원목을 놓는다. 원목 배열은 껍질이 붙어 있는 두 면 중 한 면을 땅 밑에 접촉시키고 나머지 한 면은 하늘을 보게 하여 벗겨진 두 면이 자동적으로 옆면이 되도록 나열한다. 원목은 한 두둑에 2~4줄을 심을 수 있으며, 줄과 줄 사이의 간격은 2~3㎝를 유지한다. 같은 줄에는 동일한 굵기의 원목을 배열해야 접종 및 관리가 용이하다.

(2) 종균 접종

접종은 원목의 양쪽 절단면, 즉 원목과 원목 사이에 1~2㎝ 두께로 절단된 원판형의 종균을 밀착되게 끼워서 접착시킨다. 원목의 양 단 면에 종균 접종이 끝나면 원목과 원목 사이를 흙으로 절반쯤 채우고 그 위 껍질이 벗겨진 면에 3~4cm 크기의 반원형 종균 덩어리를 10~15cm 간격으로 원목에 접착되도록 접종한다.

복령 종균은 부스러지지 않도록 원형 상태로 꺼내서 1~2㎝ 두께의 원판 모양이 되도록 절단하여 사용한다. 반원형은 원판형으로 절단된 종균을 반으로 잘라서 사용한다. 접종 시 종균은 직사광선이 직접 닿지 않고 바람에 마르지 않도록 하여야 한다.

(3) 재배지 관리

종균 접종이 끝나면 도랑을 60㎝ 폭으로 만드는데 이때 생기는 흙을 원목 위에 8~10㎝ 두께로 일정하게 덮으면 자연스럽게 두둑이 만들어 진다. 두둑은 120~150㎝의 폭으로 만들며, 두둑과 두둑 사이의 간격(도랑)은 60㎝ 정도가 좋다. 도랑은 원목보다 5 ㎝ 이상 깊게 파고 재배지 끝까지 배수로를 만들어 비가 많이 와도 도랑에 물이 고이지 않도록 한다. 두둑 위에는 흰색 비닐을 덮어서 빗물이 두둑에 직접 스며드는 것을 방지하고, 저온기에는 지온을 높여 주고 토양의 수분 증발을 억제한다. 종균 접종 후 1 개월 내에는 두둑 속에 찬물이나 이물질이 들어가지 않도록 해야 균사 활착이 양호하다. 종균 접종 후 2~3 개월이 경과되면 균 활착 여부를 조사한다. 균 활착이 양호하면 적송 고유의 붉은 색택이 유지되고 송곳으로 찔러보면 딱딱한 느낌 없이 잘 들어간다. 균이 활착되었으면 비닐을 벗기고 짚이나 낙엽 등으로 10㎝ 이상 피복하여 보온, 보습을 함과 동시에 그 위에 다시 차광막을 덮어 여름철의 폭염을 피해야 한다. 복령은 중고온성 균이므로 재배지 관리는 지온을 25℃ 정도로 유지시켜 주고, 가뭄이 심하면 관수를 하여 토양 수분을 50~60%가 되도록 관리하며, 또한 장마기에는 배수로에 물이 고이지 않도록 정비를 한다 〈그림 5-3〉.

〈그림 5-3〉 복령 재배지

(4) 수확기 관리

장마철이 끝나면 흙이 흘러내려 얇아진 표면에 다시 배토를 하고, 어린 복령이 형성되는 9~10월경에는 복령이 결령되면서 갈라진 두둑 표면에 다시 흙덮기를 하여 갈라진 틈으로 바람이 들어가지 않도록 해야 동해를 막을 수 있다. 접종 당년 11월경에 복령을 일부 수확할 수 있으나 이듬해에 수확하는 것이 좋다.

나. 종령(복령 절편) 이용 방법

톱밥 종균 접종 재배법과 유사한 방법으로 농가에서 종균 대신에 복령 절편을 이용하여 간편하게 작업할 수 있으며, 성공률도 비교적 높다.

(1) 종령(종균용 복령) 선발

종균으로 사용될 복령은 표피가 연한 갈색을 띠면서, 활력이 있는 것으로 무게는 2kg 정도로 큰 것이 좋다. 봄에 수확하여 종령으로 사용하는 것이 좋으며, 장기간 보존 시에는 상자에 가는 모래를 채워 신선한 상태로 습기가 유지되도록 한다.

(2) 접종 작업

종령은 한 면에 표피가 붙어 있는 상태로 원판형과 크기 3×5cm 두께 3cm 정도의 반원형 모양으로 썰어야 한다. 종령을 썰 때 표피를 기준으로 하여 흰색의 조직 덩어리가 두껍게 붙도록 썰어야 한다.

배열된 원목의 양쪽 절단면에는 원판형의 종령을 밀착되게 끼워서 접착시킨다. 원목의 양 단면에 원판형의 종령 접종이 끝나면 원목과 원목 사이를 흙으로 절반쯤 채우고 그 위 껍질이 벗겨진 부분에 반원형의 종령 덩어리를 10~15cm 간격으로 원목에 접착시켜 접종한다. 즉, 나무껍질이 벗겨진 원목면과 종령의 흰색 속층이 서로 잘 접촉되도록 하고, 표피층은 외부로 향하도록 한다.

이 후의 작업 순서인 흙덮기, 비닐 피복 등 관리 요령은 톱밥종균 재배 방법과 같다.

다. 접종목 이용 방법

접종목 접종 재배는 소나무 가지를 비닐 포트에 넣어서 살균한 다음 복령균을 접종하여 이를 종균 대신 사용하는 방법이다. 접종목으로 만들 소나무 가지를 비닐 봉지 속에 넣고 톱밥종균을 만드는 방법과 같이 살균을 한 다음 접종하여 배양을 완료시킨 후 원목에 접착시켜서 균사가 활착되도록 하는 방법이다. 이와 같이 접종목을 배양하기 위해서는 내열성 비닐 포트 작업 및 살균 작업 등을 하는 과정이 복잡하다는 단점이 있지만, 잡균 피해가 없으며 균사 활착력이 양호하여 농가에서 안전 생산을 할 수 있는 가장 좋은 방법이다<그림 5-4>.

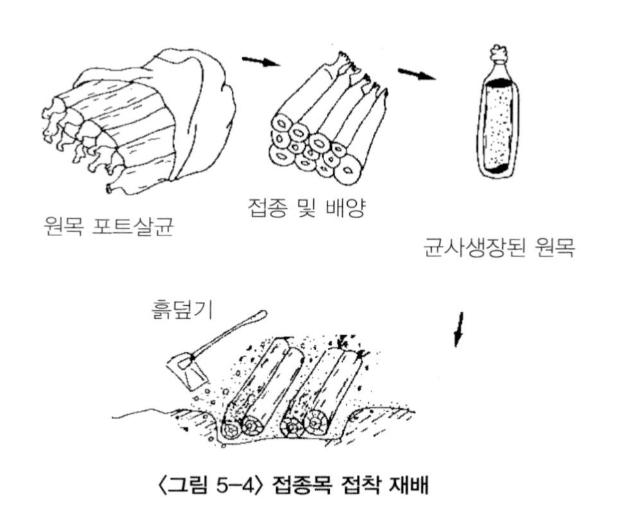

〈그림 5-4〉 접종목 접착 재배

〈표 5-1〉 접종목 접착 재배법의 장단점

장점	단점 및 보완 대책
○ 잡균의 피해가 적고 접종용 종균이 적게 소요됨. ○ 균사배양 원목은 장기간 동안 종균의 역할을 할 수 있음. ○ 적층재배에 의한 집약적 다수확 재배가 가능함.	○ 상압살균 시설이 필요함. – 간이식도 가능: 공동시설 활용 – 대면적 재배에서는 시설 효율 높음 ○ 접종 및 균사 배양 시설이 필요함. – 간이시설도 가능함. – 저온기에 유휴시설 최대 활용 가능

(1) 접종목 준비

직경이 3~5cm인 소나무 가지를 선별하여 30~45㎝ 정도로 짧게 자른다. 절단한 접종목은 10~15개를 다발로 묶어 비닐에 넣는데 이때 비닐봉지가 터지거나 뚫어지는 것을 방지하기 위하여 절단된 단면을 매끄럽게 하거나 신문으로 싸서 넣는다. 접종목은 껍질을 안 벗겨도 무방하나 1주일 정도 짧게 음건시키는 것이 좋다. 크기가 일정하지 않아도 되며 굴곡이 있는 것도 적당한 크기로 절단하면 사용이 가능하다.

(2) 비닐봉지에 넣기

봉지를 만들기 위한 비닐은 내열성으로 0.03~0.05㎜ 두께의 것이 좋으며, 크기는 사용하고자 하는 접종목의 크기에 따라 다르나 대체적으로 폭 40cm 전후의 것을 많이 사용한다. 원형(롤)으로 되어 있는 비닐은 80~120cm 길이로 절단하여 중앙부를 잡아매고 뒤집어서 긴 2중 자루가 되도록 하며, 느타리 재배용 비닐봉지의 경우에는 두께가 얇으므로 두 개를 겹쳐서 사용한다.

비닐봉지에 절단 조제된 접종목을 넣고 한쪽 끝에 플라스틱 파이프(PVC) 또는 마개 형성틀을 끼운 다음 솜으로 마개를 하여 나중에 종균을 접종할 수 있도록 한다.

(3) 살균 작업

살균은 접종목 속에 있는 각종 잡균을 제거함은 물론 표피를 연화시키고 균사의 생육을 저해하는 각종 유해물질을 경감시키는 과정이다. 살균 작업은 아주 중요한 과정으로 이를 잘못하면 균사 배양에 실패하기 쉽다.

살균 방법에는 상압살균법과 고압살균법이 있으며, 농가에서는 보통 상압살균법을 이용한다. 상압살균은 90~95℃에서 5~8시간 유지시켜야 하지만, 농가에서는 시설 여건상 75~80℃에서 8시간 이상 정도로 살균하는 곳이 많다. 상압살균의 장점은 첫째는 발생된 수증기가 살균기 내부에 있으므로 배지의 수분 증발이 적어서 배양 초기부터 균사 생장이 양호하다. 둘째는 배지 재료가 장시간 살균되므로 연화되어 복령균의 분해, 이용에 유리하다. 셋째는 설치가 간단하고, 법적 제약을 받지 않으며, 살균기 구입 가격이 비교적 저렴하다. 반면에 단점은 완전한 살균이 안되며, 살균 시간 및 연료비가 많이 든다는 것이다.

상압살균 방법은 배지 재료를 살균기에 넣고 수증기를 발생시켜 2시간 이내에 98℃까지 온도를 높이고, 이후부터 4~8시간 살균한 다음 냉각시킨다.

고압살균은 살균 시간이 짧아 작업 능률이 높고, 연료 소모량이 적으며, 완전 살균이 가능하여 잡균 발생이 적다.

(4) 톱밥 종균 접종

살균 작업이 끝나면 비닐봉지의 온도를 20℃ 정도로 식힌 후 마개를 열고 복령 톱밥종균을 4~5 숟가락씩 접종한다. 접종은 청결하고 공기의 유동이 없는 밀폐된 장소에서 실시하여야 하며, 작업 시 무균 상태를 유지하여야 한다. 접종 기구는 반드시 화염 멸균을 하고, 무균상 또는 클린벤치 같은 접종 시설이 있으면 작업이 편리하다.

(5) 균사 배양

종균 접종이 끝난 접종목은 온도 20~25℃, 습도 70%로 약간 건조한 배양실로 옮긴다. 균사 배양은 보통 1~2개월이면 완료된다. 배양 중에 접종목 봉지를 너무 높게 쌓아 두면 자체 발열에 의하여 고온 피해를 받기 쉬우므로 주의해야 한다. 배양 중 외부 기온이 높을 때에는 접종목 봉지를 낮게 쌓고 간격을 두어서 관리하여야 한다.

(6) 균사 활착 검정

종균 접종 후 1~2개월이 지나 균사 배양이 완료되었다고 판단되면, 접종목을 1~2개 채취하여 표피에 흰색의 균사가 양호하게 활착되었는지를 관찰하고, 단면을 절단하여 균사가 침투되었는지를 확인한다. 배양이 완료된 것은 접종목으로 사용할 수 있다.

(7) 접종목 접착 접종

균사 활착이 양호하게 된 접종목은 비닐봉지를 벗겨내고 하나씩 분리하여 톱밥종균 접종 방법과 동일하게 미리 배열된 원목과 원목 사이에 접착시킨다. 이 접종목 재배법은 안전한 재배가 될 수 있고 수량도 증가된다.

이 후의 작업 순서인 흙덮기, 비닐 피복 및 관리 요령은 톱밥종균 재배 방법과 같다.

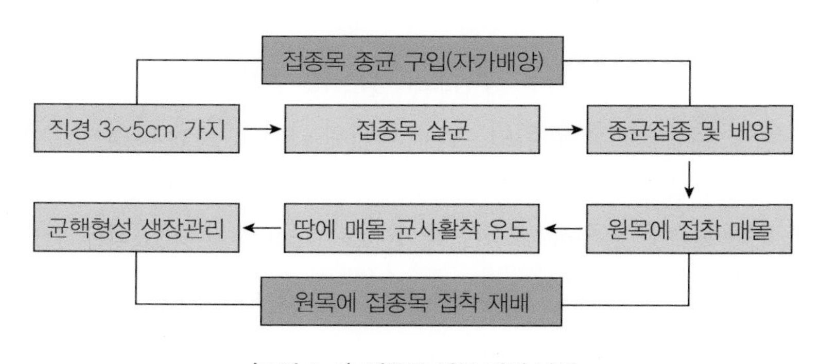

〈그림 5-5〉 접종목 접종 재배 과정

05 재배지 관리 및 수확

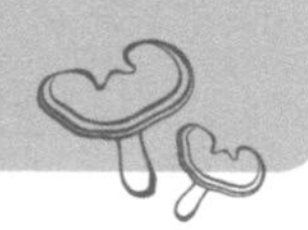

종균 재식 후 1개월 동안은 외부의 찬물이나 불순물이 들어가지 않도록 주의하여야 한다. 빗물이 스며들면 토양에 공기가 부족하게 되고, 과습하여 종균이 썩게 된다. 또한 너무 건조하면 균사가 사멸되기 때문에 토양의 함수량을 50~60% 정도로 유지하는 것이 중요하다. 토양의 온도는 25~30℃가 적당하며 이보다 높으면 고온 피해를 받게 된다. 이와 같이 토양 환경을 알맞게 유지시키기 위하여 저온기에는 표면에 비닐을 덮어주고 고온기에는 볏짚 등으로 피복하여 급격한 온·습도의 변화를 방지하여야 한다. 가뭄 때에는 토양의 건조와 폭우에 의한 토양의 유실 등을 방지하여야 한다. 장마 또는 홍수에 대비하여 두둑의 양편에 배수로를 만들어 과습을 방지한다.

접종 후 2개월이 지나면 원목의 변재부와 목질부 사이에 균사가 활착되며, 4개월이 경과하면 복령이 맺히기 시작하므로 두둑 표면이 갈라진다. 이때 피복 재료를 임시로 걷어내고 갈라진 틈을 중심으로 3~5cm 두께로 흙을 보충하여 덮어 주면 고품질의 복령이 생산될 수 있다. 두둑 표면의 갈라진 틈을 그대로 방치하면 복령 균핵의 표면이 갈라져서 이물질이 혼입되어 품질이 나빠진다. 약 8개월 후부터는 수확이 가능하지만, 월동한 후 이듬해 봄에 수확하면 균핵 조직이 단단하고 품질이 향상된 복령을 얻을 수 있다<그림 5-6>.

원목에 종균을 접종한 후 1년 정도 지나면 균핵이 형성되어 복령을 일부분 수확할 수 있게 된다. 수확 시 복령의 껍질이 황백색을 띤 경우에는 한창 성장 중인 상태이고, 황갈색을 띠고 있으면 완전히 성숙한 것이며, 검은색을 띠고 있으면 노숙되었다는 것을 의미한다.

〈그림 5-6〉 인공 재배한 백복령

수확할 때 물이 복령의 조직 속으로 스며들면 마른 후 조직이 검게 변해 품질이 불량하게 되므로, 맑은 날을 택하여 수확하는 것이 좋다. 수확한 복령은 껍질에 묻은 흙을 털어 내고 직사광선을 피해 표면의 물기가 증발될 때까지 3~4일간 음건시킨 다음, 칼 등을 이용하여 껍질을 제거하고 절단하여 건조시킨다. 건조시킨 후에는 조직이 단단하여 절단하기 곤란하다. 태양 건조도 가능하지만 열풍 건조기 또는 전기식 화력 건조기를 이용하여 일시에 대량으로 건조시키는 것이 좋다.

복령은 한번 재식한 원목에서 2~3년간 수확이 가능하며, 수량은 3.3㎡당 40kg 정도 되지만 원목의 크기 및 재배 기술에 의하여 차이가 있을 수 있다. 일반적으로 수확 시 복령의 생체중 수분 함량은 55~60% 정도 되며, 이를 건조하면 무게는 대략 반으로 줄어든다. 다음해 종령(종균 대용)으로 사용하기 위한 것은 수확한 상태로 보관해야 하지만, 그 밖의 것은 절단하여 건조시켜서 보관하거나 판매한다.

06 건강기능성

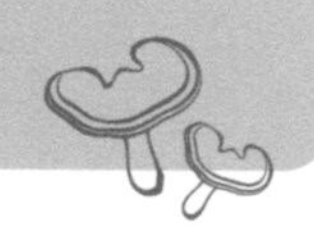

복령은 적송(赤松, *P. densiflora Sieb*), 마미송(馬尾松, *Pinus massoniana Lamb*), 황산송(黃山松, *P. taiwanensis Hayata*), 운남송(云南松, *p. yunnanensis Franch*), 흑송(黑松, *P. thunbergii Parl.*) 등의 뿌리에 균사가 만연하여 결령된다.

현재까지 밝혀진 복령의 중요 성분은 Pachyman, 복령산(Pachymic acid, $C_{33}H_{52}O_5$), 송령산(松苓酸, Pinicolic acid, $C_{30}H1_8O_3$), 송령신산(松岺新酸, 3-ß-Hyderoxy-lanosta-7,9(11), 24-trien-21-oic acid와 Tumulosic acid($C_{31}H_{50}O_1$), Ebricoic acid($C_{31}H_{50}O_3$) 등이 있으며 양질의 복령은 그중에서도 가장 중요한 Pachyman 함량이 93%에 이른다.

복령은 심신의 보양 및 안정, 이뇨 증진, 정신안정 등의 작용이 있는 것으로 알려져 있고 건망증, 불면증, 만성위염, 신체허약 등에도 치료 효과가 높은 것으로 알려져 있다.

07 향후 전망

복령은 항암력과 항균성, 병에 대한 저항력 등의 작용이 밝혀짐으로써 더욱 인기를 얻고 있다. 예전에는 산야에서 소나무 뿌리를 기주체로 하여 흙속에서 자생하는 것을 주로 채취하여 이용하였으나 근래에는 소나무가 적어지고 산림지대에 사람의 출입이 어렵게 됐으며, 또한 인건비가 높아져 매년 외국으로부터 수입하여 사용하고 있다.

복령은 현재 한약재로 취급되어 건재상에서 판매 및 구입이 가능하다. 아직은 사용처가 제한되어 있으나 앞으로 대량 생산이 된다면 건조품으로 저장이 가능하고, 원재료의 가격이 낮아져 한약재 이외에 드링크제 제조 원료 또는 복령 국수, 복령빵 등에도 이용되어 수요 창출이 확대될 수 있을 것으로 기대된다.

원목선택 원목건조 균사감염

포장관리 복령결령 복령수확, 건조

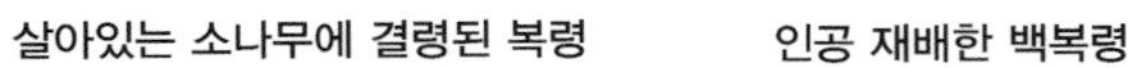

살아있는 소나무에 결령된 복령

인공 재배한 백복령

인공 재배한 백복신

누에동충하초

1. 동충하초 일반
2. 누에동충하초 재배 기술
3. 동충하초

01 동충하초 일반

동충하초란?

중국에서는 오랜 옛날부터 동충하초(*Cordyceps sinensis*)가 불로장생, 강장, 강정의 비약으로 이용되었다고 전해진다. '증류본초', '본초비요' 등의 중의학 문헌에 의하면 동충하초는 보폐보신(補肺補腎), 지혈화담(止血化痰), 비정익기(秘精益氣) 등의 효능이 있으며, 맛은 달고 따뜻하며 향이 있는 것으로 기록되어 있다.

동충하초(冬蟲夏草)는 곤충에서 발생하는 버섯을 말하는데 겨울에는 곤충의 모습 그대로 있다가 여름이 되면 곤충의 몸에서 버섯이 발생하기 때문에 그런 이름이 붙여진 것으로 보인다. 동충하초의 포자(홀씨)는 살아 움직이는 곤충의 피부를 통하여 곤충을 감염시켜 죽인 다음 버섯인 자실체를 발생시킨다. 대부분의 생명체는 죽으면 부패하는 것이 자연의 순리이지만, 동충하초에 감염된 곤충은 몸 안이 동충하초의 균사체로 가득 차 있기 때문에 죽어서도 썩지 않고 미라처럼 원래의 모습을 유지한다. 그렇기 때문에 추운 겨울에는 곤충이 살아있을 때의 모습과 거의 비슷한 형태로 보존되고, 온도와 습도 등의 조건이 버섯 발생에 알맞은 여름이 되면 사람들이 보기에 아름다운 모습의 동충하초로 나타나게 되는 것이다. 이와 같은 동충하초는 세계적으로 수백여 종이 보고되고 있으며 나비, 벌, 풍뎅이, 매미, 잠자리, 노린재 등 대부분의 곤충에서 발생한다.

동충하초의 대표 격인 중국동충하초(*Cordyceps sinensis*)는 중국의 티벳과 네팔 등 해발 3,000~5,000m의 고산지대에서 살고 있는 박쥐나방(Hepialidae)의 유충을 기주(寄主)로 하여 발생하는데, 감염된 박쥐나방의 몸길이는 3~5㎝, 지름은 3~8㎜

이고, 피부는 황갈색을 띠며, 몸속에는 황백색의 균사체가 가득 차 있다. 자실체는 곤충의 머리 부위로부터 1~2개가 발생하는데, 모양은 가늘고 긴 원주형이며, 길이는 4~7㎝, 지름은 3㎜ 정도이고, 색상은 흑갈색을 띤다.

현재까지 학계에 보고된 동충하초는 400여 종이지만 식품이나 약으로 사용되는 종류는 얼마 되지 않는다. 또한 식용이나 약용이 가능한 동충하초의 종도 알려진 것이 별로 없다. 이는 식물체에서 나오는 보통의 버섯과는 다르게 이동성이 있는 곤충에서 발생하는 동충하초는 특성상 발생 조건이 까다로워 숫자가 너무 적고, 다른 버섯에 비해 크기도 작아 발견하고 채취하기가 어렵기 때문이다.

누에동충하초란?

섬유의 여왕으로 알려진 실크를 생산하기 위해 누에를 기르는 양잠산업은 지금으로부터 5000년 이전에 중국에서 시작돼 우리나라에서는 3000년을 이어 내려온 전통산업이다. 1900년대 중반에는 농가의 최고 인기 작목으로 농가소득 증대와 국가경제 발전에 큰 기여를 했지만, 1900년대 후반에 들어서면서 중국의 저가 공세와 일본의 비단실 수입 규제 등으로 인한 농가소득 감소, 화학섬유의 일반화·고급화, 국민소득 증대 등 여러 가지 요인이 겹치며 사양산업의 길로 접어들게 됐다.

이에 농촌진흥청에서는 누에가 농가에서 쉽게 사육할 수 있는 대표적인 산업곤충이라는 점과 동충하초가 약용버섯으로 실용화될 경우 국민건강을 증진시키고, 나아가 농가소득을 크게 증대시키며 우리나라의 전통산업인 양잠의 기반 유지와 발전에 기여할 수 있다는 점에 착안하여 살아있는 누에를 이용하여 자연에서의 발생 원리와 동일한 방법으로 동충하초를 재배하는 기술을 개발하게 되었다. 이렇게 개발된 동충하초는 눈꽃동충하초 등 5종에 이른다.

누에동충하초란 이렇게 재배 기술이 개발된 눈꽃동충하초(*Paecilomyces tenuipes*)의 품종명이다. 국내 야산에서 채취한 눈꽃동충하초의 균주를 살아있는 누에에 접종하여 대량으로 생산하는 기술을 개발했으며 1998년에 종자산업법에 의하여 누에동충하초로 품종 명칭을 등록하고 식품위생법에 의하여 식품원료로 사용승인을 받아 농가에 보급하고 있다.

누에동충하초에 감염된 번데기는 단면의 형태가 살아있을 때의 고유형태인 타원형으로서 중심부에 1~3㎜의 구멍이 있고, 색상은 껍질을 모두 벗긴 땅콩 알맹이처럼 엷은 노란색을 띤 갈색이다. 또한 자실체는 매우 많이 발생하는데 겨울 나뭇가지에 눈꽃이 내린 것 같이 자실체 위에 흰색의 분생포자가 만개하며, 자루의 색상은 계란의 노른자와 비슷한 크림색이다. 자실체는 길이가 평균 3㎝ 정도이고 직경은 0.8㎜ 정도로 기주 번데기 1개당 평균 80개가 발생하며, 동충하초 전체 무게(번데기와 자실체 무게를 합친 무게)에서 자실체가 차지하는 무게의 비율은 평균 40% 정도다.

누에동충하초의 대량생산 기술 개발 이전에는 자연산 채취가 거의 불가능하여 연구에 필요한 최소량의 시료 공급도 불가능했던 까닭에 많은 연구가 이뤄질 수 없었지만 앞으로는 유용 활성물질 탐색, 기능성 검정 확인 등 각종 연구의 길이 활짝 열리게 돼 농가에서 생산된 동충하초의 부가가치를 높이고 국민들의 건강을 증진시키는 데 큰 기여를 할 것으로 예상된다.

02 누에동충하초 재배 기술

누에 사육 기술

누에동충하초는 자연에서 동충하초가 발생하는 원리와 동일하게 살아있는 누에 표피에 누에동충하초의 분생포자를 접종하여 생산하기 때문에 기주곤충인 누에를 크고 건강하게 사육하는 작업이 선행돼야 한다.

사람이나 가축과 같은 고등동물의 경우에는 병에 걸릴 경우 약을 먹거나 주사를 맞으면 병을 치료할 수 있다. 그러나 누에는 일단 병에 걸리면 치료가 불가능할 뿐 아니라 전염성이 아주 빠른 특성이 있다. 그렇기 때문에 누에병 방제는 치료가 아닌 예방만이 있으며 이를 위해서는 누에가 병에 감염되지 않도록 관리하는 것이 최선의 방법이다.

누에병은 병원 미생물 감염에 의한 전염성 누에병과 각종 중독증, 쉬파리 피해 같은 비전염성 누에병으로 나눌 수 있다. 비전염성 누에병은 담배, 매연, 농약 등에 의한 중독증과 쉬파리 등 천적 곤충에 의한 피해가 대표적이다. 최근에는 곤충의 탈피와 변태에 관계되는 호르몬에 영향을 미쳐서 방제 효과를 나타내는 농약이 많이 사용되고 있는데 이 농약의 피해를 입은 누에는 숙잠(익은 누에)이 되지 않거나 숙잠이 되더라도 고치를 만들지 못하고 죽게 되므로 이에 대한 주의와 대책이 요구되고 있다.

전염성 누에병은 곰팡이에 의한 굳음병(백강병, 녹강병 등), 세균에 의한 무름병, 바이러스에 의한 고름병, 원생동물에 의한 미립자병 등 그 종류가 다양한데 이들 누에병을 방제하기 위해서는 잠실과 잠구류에 대한 소독을 철저히 해야 한다.

먼저 누에를 사육하기 전에 잠실을 청소하고 잠구류를 물로 깨끗이 세척해 일광소독을 겸해 말린 후 차아염소산나트륨(NaClO) 0.3% 용액(4~6% 하라솔 기준 13~20배 액) 또는 차아염소산칼슘($Ca(ClO)_2$) 0.3% 용액(클로로칼키 기준 200배 액)을 3.3㎡당 3l 정도로 소독액이 잠실과 잠구류에 고루 접촉되도록 천장, 벽, 바닥 등에 분무해 소독한다. 누에 사육 중에도 잠실 출입구에 하라솔 20배 액의 소독 발판과 소독수를 준비해 두고 출입 시 항상 손과 신발을 소독토록 하며 잠실 주변 및 잠실 바닥에 수시로 클로로칼키 가루를 뿌려주며 관리하도록 한다. 그리고 누에를 사육하는 도중에 고름병 등에 감염돼 죽은 누에가 발견될 때는 하라솔 20배 액이 든 소독통을 잠실 한편에 비치해 놓고 나무젓가락 등으로 죽은 누에를 집어 통에 넣은 다음 2~3일 경과 후 잠실이나 뽕밭에서 멀리 떨어진 장소에 땅을 깊이 파고 묻어 폐기해야 한다. 누에 사육 과정에서 나오는 잠분은 뽕밭 퇴비로 사용하지 말고 타 작목의 퇴비로만 사용토록 한다.

하지만 아무리 소독을 잘 하여도 사육 환경이 부적절하면 누에가 약해져 병이 발생할 수밖에 없다. 누에 사육에는 온도, 습도, 환기, 누에의 밀도 등이 영향을 미치며, 그 외 뽕의 질과 뽕 주는 양도 강건도와 생육에 큰 영향을 미친다.

1령부터 3령기의 애누에 때는 보온이 가장 중요한데 1, 2령 때는 26℃, 3령 때는 25℃의 온도가 적당하다. 습도조건은 애누애 때는 누에가 작으므로 뽕을 작게 썰어 주는데 뽕이 마르는 것을 방지하기 위하여 약간의 습기가 필요하지만 과습하게 관리되면 병 발생이 많아진다. 따라서 뽕이 시들지 않는 범위 내에서 건조하게 사육해야 한다. 큰누에(4~5령) 때와 누에를 상족(上蔟, 누에올리기)한 다음에는 20~25℃정도의 온도가 유지되면 무리 없이 사육할 수 있다. 그러나 적정 온도를 맞추기 위하여 잠실 문을 모두 닫고 사육하다 보면 잠실 내의 습도가 높아지고 환기가 되지 않아서 누에가 약해지고 병에 걸릴 우려가 있다. 온도와 습도를 동시에 관리하기 어려울 때는 습도와 환기 관리에 중점을 두어 건조하게 사육토록 한다.

다음으로는 누에를 사육하는 밀도가 중요한데 누에가 커감에 따라 자리 넓히기를 적절하게 해줌으로서 병 발생이 없으면서도 동충하초 생산에 사용할 번데기가 크게 자랄 수 있도록 해줘야한다.

〈표 6-1〉 누에 1상자(누에알 20,000립 기준)당 애누에 자리 소요 면적, ㎡

령별	초기	중기	후기
1령	1.8	–	7.5
2령	7.5	–	16.2
3령	16.2	36.7	39.6

〈표 6-2〉 누에자리 0.1㎡(가로, 세로 각 33cm)당 큰 누에 사육 두수

구 분	4령		5령		
	초기	중기 이후	초기	5령 3일 이후	
				봄누에	가을누에
표준(마리)	360	240	180	120~130	110~120
최대(마리)	–	–	–	160	150

〈표 6-3〉 누에 1상자(누에알 20,000립)당 5령기 누에의 사육 두수

누에 1상자당 5령 누에자리 폭 및 누에자리 길이					0.1㎡당 사육 두수
누에자리 폭	1.2m	1.3m	1.4m	1.5m	
누에자리 길이	8.3	7.7	7.1	6.7	180
	8.8	8.2	7.6	7.1	170
	9.4	8.7	8.1	7.5	160
	10.0	9.2	8.6	8.0	150
	10.8	9.9	9.2	8.6	140
	11.5	10.6	9.9	9.2	130
	12.5	11.5	10.7	10.0	120
	13.7	12.6	11.7	10.9	110

누에동충하초 종균 접종 방법

병 없이 건강하게 누에를 잘 기를 수 있는 농가라면 누에동충하초 재배의 성패는 종균 접종에 달려 있다고 해도 과언이 아니다.

동충하초균이 누에에 제대로 감염되기 위해서는 첫째로 종균의 활력이 강해야 한다. 종균을 누에에 접종하기 위해서는 물에 희석해야 하는데 균이 물에 혼합되면 시간이 경과함에 따라 활력이 떨어진다. 그렇기 때문에 감염률을 높이기 위해서는

물에 희석한 다음 최대한 빠른 시간 내에 누에에게 접종을 해야 한다. 종균을 물에 희석시킨 후 빠른 시간 내에 접종이 어려울 경우에는 희석된 종균을 0℃ 이상~5℃ 이하의 저온에 냉장보관해야 한다. 냉장보관하는 경우라도 희석한 날로부터 5일 이내에는 접종이 마무리되도록 해야 한다.

다음으로는 누에동충하초균을 누에에 접종할 때 감염이 잘 되도록 최적의 환경조건을 맞춰 줘야 한다.

5령기 누에는 환기가 잘되는 환경에서 사육하는 것이 기본인데 종균접종 후에도 5령기 누에 사육에 적합한 저온 건조한 온·습도에서 사육하는 것이 좋다. 하지만 누에동충하초균이 누에에 감염되는 환경 조건은 누에 사육 환경 조건과는 정반대다. 온도 28℃, 습도 95%의 고온다습 조건에서 최소한 24시간 동안 누에를 보호하며 감염을 유도해야 한다.

건강한 누에 사육만을 고려하여 종균을 접종한 다음 20~25℃ 조건에서 환기를 시켜가며 누에를 사육할 경우 감염률이 크게 떨어지고, 동충하초균의 감염률을 높이는 것만을 고려하여 고온다습 조건에서 사육하면 누에병이 다량 발생하는 모순이 있다.

살아있는 누에를 이용하여 누에동충하초를 재배하기 위해서는 이런 양면성의 문제를 해소하는 것이 관건이다. 이를 위해서는 표준 누에 사육 온·습도에서 종균을 접종하고 정상적으로 뽕을 먹이로 주되 종균 접종 후 누에 표피의 습도가 떨어지지 않도록 관리하는 것이 필요하다. 이를 위해서는 10^8conidia/㎖의 농도로 누에동충하초의 분생포자가 희석된 액체종균에 식용 물엿을 첨가하여 접종하면 된다. 식용 물엿은 우리 식탁에 오르는 식품 원료로서 인체에 전혀 해가 없으면서도 종균 접종 후 누에 표피의 수분 증발을 억제하는 효과가 강하고 가격이 싸다는 장점이 있다.

식용 물엿을 이용한 종균 접종 방법은 누에동충하초의 분생포자가 희석된 액체종균에 식용 물엿을 용량 기준으로 20~25% 정도 첨가하여 5령기 누에에게 12~24시간 간격으로 3회에 나누어 뿌려주면 된다. 종균 접종은 마지막 잠에서 누에가 모두 깨어나면 시작하며, 종균을 접종한 다음에는 바로 뽕을 주고 2차, 3차 접종은 제공된 뽕을 누에가 다 먹고 누에자리에 뽕이 없을 때 실시한다. 종균을 접종할 당시에 기온이 높고 건조하면 수분 증발이 빠르므로 12시간 간격을 두고 접종하고, 기온이 낮고 습도가 높으면 24시간 간격을 두고 접종한다.

종균을 접종하는 방법은 입자가 매우 곱게 나오는 분무기를 활용하여 누에 위에 뿌려주는데 이슬비가 내리는 것처럼 종균의 분무 입자가 자연적으로 누에 위에 떨어지도록 한다. 종균 접종량은 초여름 이른 아침에 풀 위에 이슬이 엷게 내린 정도의 모습이면 적당하다. 누에 1상자당 필요한 적정 종균량은 1차부터 3차까지 합하여 누에 사육 밀도에 따라 1,500~2,000㎖ 정도이다. 1차 접종 시에 전체 종균량의 50% 정도를 사용하고, 2차 접종 시에 30%, 3차 접종 시에 20% 정도가 되도록 안배하면서 접종한다. 종균을 접종하는 회차가 2차, 3차로 증가함에 따라 물엿의 영향으로 누에 피부에서 번쩍이는 윤기가 나게 되나, 접종 완료 후 1~2일이 경과하면 누에가 활동하는 과정에서 씻겨나가 정상적인 피부 형태를 되찾는 것을 관찰할 수 있다.

이처럼 식용 물엿을 이용하여 종균을 접종하였을 경우에는 적정한 온·습도를 맞추어 주지 않더라도 동충하초균이 양호하게 감염되며 병에 걸려 죽는 누에도 적게 발생한다.

그 이유는 첫째, 감염 측면에서 보면 물엿이 누에 피부에 묻은 수분의 증발을 억제해 외부 습도가 좀 낮더라도 동충하초 포자가 누에 표피를 통하여 발아관을 내고 들어가기에 적절한 환경조건을 조성해 주기 때문이며(식용 물엿 때문에 종균이 누에 표피에 달라붙어서 그렇게 되는 것이 아님), 둘째, 누에자리의 습도를 과다하게 높이는 작업을 하지 않고 환기가 되는 상태에서 접종을 하기 때문에 누에가 기문을 통하여 신선한 공기를 호흡할 수 있어서 병에 걸려 죽는 숫자가 적게 발생한다.

종균을 한 번에 다 뿌리지 않고 3회로 나눠 뿌리는 이유는 첫째, 물엿이 누에 표피에 묻은 수분 증발을 억제하기는 하지만 완전히 방지하지는 못하고 둘째, 동충하초균이 누에 표피에 발아관을 내고 들어가는 데 알맞은 접종온도를 유지시켜 주지 않기 때문에 균의 포자가 누에 체내로 들어가는 데 오랜 시간이 걸리기 때문이다.

식용 물엿을 첨가하여 종균을 접종하면 물엿이 보습 효과를 내기 때문에 고온다습

조건을 인위적으로 조성하지 않아도 피부 근처의 습도를 높게 유지할 수 있다. 그러나 이것만으로는 완전하지 못하기 때문에 최초 접종 시부터 마지막 접종 작업을 하고 하루 후까지는 누에 피부의 수분 증발을 막기 위하여 전 기간 잠실의 문을 닫고 잠실 바닥에 물을 뿌려주며 관리하는 것이 좋다.

그리고, 누에병 방제를 위하여 4령까지는 하라솔을 이용하여 잠실 바닥과 누에몸 소독을 해도 되지만, 종균을 접종한 이후에는 소독을 하지 말고 잠실을 청결하게 유지해야 한다.

종균 접종이 완료된 다음에는 즉시 충분한 양의 뽕을 주며 3차 접종을 하고 24시간 후부터는 환기와 기류 관리를 철저히 하면서 누에를 사육한다. 5령기잠 후 7~8일이 경과하여 숙잠(익은 누에)이 되면 상족을 하며 상족 후 7~8일경에는 고치를 따서 낮은 온도(18~20℃가 적당)에 보관한다. 상족 후 10일경이 되면 동충하초균에 감염되어 딱딱하게 굳은 번데기가 나오기 시작하는데 이때부터 누에고치를 잘라 번데기를 빼낸 후 감염된 번데기를 선별하여 별도로 보관한다.

누에동충하초 재배 방법

누에동충하초는 생산 후 대부분 건조하여 분말로 섭취하기 때문에 재배 착수 시부터 청결히 관리하여야 한다. 감염된 번데기는 번데기 표피에 흰색의 균사가 생기기 전에 깨끗한 물로 씻어야 하는데 이때 물에 오래 담가두면 균의 활력이 떨어지므로 물에 담그는 시간을 최소화하여 여러 번에 걸쳐 헹구면서 세척한다. 세척 후에는 즉시 20~25℃ 정도의 온도에서 그늘에 펼쳐놓아 번데기 표피의 물기를 완전히 말려준다.

동충하초균이 자라는 과정은 처음에는 번데기의 색깔이 갈색으로 변하며 물렁하게 되다가 차츰 딱딱해지고 번데기 표피에 흰색의 균사가 생기며 이어서 노란 버섯원기가 형성된다. 이때 번데기의 색깔이 갈색으로 변하더라도 딱딱해지지 않는 것은 다른 누에병에 감염된 것이고, 번데기가 딱딱하게 경화됐더라도 노랗게 살아있는 번데기처럼 보이는 것은 굳음병에 감염된 것이므로 하라솔 등의 소독통에 넣어 살균한 후 매몰처리해야 한다.

버섯 재배에 착수하는 최적기는 상기와 같이 노란 버섯원기가 형성되기 시작할 때로서 이때 번데기를 잘라 단면을 손가락으로 눌러보면 물이 전혀 나오지 않는 것을 확인할 수 있다. 감염된 지 얼마 되지 않은 번데기(균사가 발생하지 않았거나, 흰색의 균사가 발생하였더라도 노란 버섯원기가 생기지 않은 번데기)를 잘라서 손가락으로 누르면 물이 나오는 것을 볼 수 있는데 이 상태에서 버섯 재배에 착수하면 번데기가 썩거나 자실체가 잘 발생하지 않을 수 있으니 주의하여야 한다. 동충하초균에 감염된 번데기를 습도가 너무 낮은 곳에서 보호할 경우 번데기가 그냥 말라버려 버섯 재배를 하여도 자실체가 잘 나오지 않으며, 자실체가 나와도 잘 자라지 못하고 포자만 왕성하게 생기게 된다. 이것을 방지하기 위해서는 세척 후 그늘에 말려 물기가 완전히 제거된 번데기를 보관할 때 용기끼리 서로 겹쳐 포개놓는 게 좋다. 이렇게 하면 번데기 내부에서 자연적으로 빠져나오는 습기로 인하여 보호 용기의 습도가 알맞은 상태로 유지되어, 번데기 표피에서 균사와 버섯원기가 발생하는 것을 볼 수 있다. 번데기를 보호하는 용기를 서로 겹쳐 놓을 때 틈이 너무 많으면 용기 내부가 너무 건조하게 되고, 틈이 너무 없으면 번데기에서 탈취된 수분이 빠져 나가지 못해 번데기 표피에 물방울이 생길 가능성이 있으므로 감염된 번데기의 상태를 관찰하며 틈을 조절해 줄 필요성이 있다.

경화병 및 동충하초 감염 번데기의 판별법

누에동충하초의 단면 형태

〈그림 6-1〉 누에동충하초 감염 번데기의 색상 및 단면 형태

위와 같이 하여 번데기 내부의 물기가 알맞게 제거되고, 버섯원기가 생긴 번데기를 버섯 재배상에 배치하고 20~24℃ 온도에 습도 90% 이상이 되도록 비닐로 밀폐시켜 놓으면 시간이 경과함에 따라 자실체가 발이한다.

재배상은 플라스틱 상자나 애누에사육대 등 비닐로 밀폐할 수 있는 용기를 사용하며 재배 용기 바닥에는 물기가 빠져 나갈 수 있도록 작은 구멍을 촘촘히 뚫어준다. 다음에는 광목(합성섬유는 부적합)을 빨아서 일광소독을 겸해 말린 다음, 깨끗한 지하수에 넣었다가 물기를 꼭 짠 후 재배상 바닥에 깔고 버섯원기가 생긴 감염 번데기를 광목 위에 서로 닿지 않을 정도로 배치한다.

이때 너무 넓게 배치하면 재배상이 많이 소요되고, 너무 촘촘히 배치하면 번데기에서 발생하는 자실체 수가 적어지니 주의하여야 한다. 감염 번데기를 재배상에 배치한 후에는 분무기를 이용하여 번데기가 충분히 젖을 정도로 깨끗한 지하수를 분무해 주고, 물에 세척해 말린 깨끗한 비닐로 밀폐시켜 준다. 이후 3~4일 간격으로 깨끗한 지하수를 입자가 고운 분무기로 분무해 주고 비닐로 다시 밀폐시킨다. 물을 분무하는 회차가 증가할수록 분무량은 서서히 줄이도록 하고 수확 5일 전(재배 착수 후 10일경)부터는 지하수 분무를 중단해야 한다.

자실체를 재배할 때는 온·습도 조절 및 수분 분무 이외에 광조건과 재배상 내부의 산소량 등도 고려해야 한다. 광조건은 실내 창문을 통하여 들어오는 자연광 정도면 충분하기 때문에 주야에 관계없이 자연 상태 그대로 두고, 창문이 없을 경우에는 낮에만 형광등을 켜 놓으면 된다. 재배상 내부에 많은 양의 산소를 필요로 하지 않기 때문에 계속적인 환기는 필요 없으며 수분 보충 시나 재배 관리를 위하여 비닐을 벗길 때 들어가는 공기량이면 충분하다. 버섯 재배 시 과도한 양의 공기가 계속 유입되면 버섯이 크지 못하고 분생포자만 다량 형성되므로 주의가 필요하다.

재배 착수 후 15일 내외가 되면 수확 시기가 되는데 이때 재배상 바닥에 깔아 둔 광목에 물기는 없고 습기만 약간 남아 있을 정도가 돼야 좋은 품질의 버섯을 생산할 수 있다. 지하수를 과도하게 분무해서 수확할 때도 광목이 젖어 있으면 번데기 내부가 부패할 가능성이 있고, 지하수 분무량이 너무 적으면 버섯이 잘 크지 않고 분생포자가 많이 발생하여 수확량이 감소할 가능성이 있으므로 주의해야 한다.

수확 시 자실체의 길이는 3cm 내외가 적당하다. 너무 오래 재배하여 자실체가 지나치게 크면 외관상으로는 좋지만 번데기 내부가 텅 비고 부패할 가능성이 있고, 너무 짧게 재배하여 자실체가 작으면 보기가 안 좋아 상품성이 떨어진다. 기주 번데기와 자실체가 분리되지 않도록 함께 수확하며, 분생포자의 흡입을 방지하기 위하여 포자를 거를 수 있는 방진마스크를 착용하고 수확해야 한다. 분생포자를 호흡기로 다량 흡입할 경우 몸살 등의 증세가 있을 수 있다. 수확한 동충하초는 생버섯, 건조버섯 등으로 이용되고 있으며, 건조 시에는 품질 제고를 위하여 동결건조하여 냉암소에 보관하는 것이 좋다.

03 동충하초

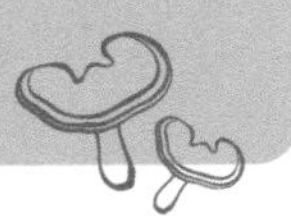

동충하초의 특성

동충하초(冬蟲夏草) 라는 이름은 원래, 겨울에는 곤충의 몸에 있다가 여름에는 풀처럼 나타난다는 데서 나온 말이다. 즉, 동충하초균은 곤충의 침입하여 죽게 한 다음 그 기주(寄主)의 양분을 이용하여 자실체를 형성한다. 동충하초균은 자낭균문(子囊菌門), 자낭각균강(子囊殼菌綱) 육좌균목 동충하초과에 속하며, 한국을 비롯하여 중국, 일본 등 세계적으로 널리 분포하고 있다.

동충하초는 자연 생태계 내에서 곤충 집단의 밀도를 조절하기도 하고, 예로부터 인류에게 유용하게 이용되기도 하였으며, 최근에는 사람들에게 유용한 물질이 동충하초속에 포함되어 있는 것이 밝히어지면서 여러 면에서 홍미를 불러일으키고 있다. 중국에서 한약재로 이용되고 있는 동충하초(*Ophiocordyceps sinensis*)는 서장(西藏), 윈난(雲南), 구이저우(貴州)등의 각 성과 티베트과 네팔에서 히말라야에 이르는 해발 3000 - 4000m인 고산 지대에 유충에서 자연적으로 형성된 것이 채집되고 있다. 한국에서도 동충하초를 채집한 많은 동충하초 중에서 번데기동충하초(*Cordyceps militaris*)에서 새로운 물질인 militarin에서 항암 효과가 있다는 것이 발견되고 제품화되면서 다른 동충하초의 연구도 활발하게 진행되고 있다.

동충하초에는 번데기동충하초(*Cordyceps militaris*), 중국에서 나는 박쥐나방동충하초(*Ophiocordyceps sinensis*), 긴자루매미동충하초(*Ophiocordyceps longissima*), 붉은자루동충하초(*Cordyceps pruinosa*)와 잠자리동충하초(*Hymenostilbe odonatae*) 등이 있다.

〈그림 6-2〉 동충하초의 종류

재배기술의 발달

중국 청나라 본초종신에 처음 기록된 동충하초는, 중국산 박쥐나방동충하초(*Ophiocodyceps sinensis*)로 불로장생비약으로 약효에 대한 최초의 기록되었고, 동충하초는 살아있는 곤충을 침입하여 기주 영양분으로 자실체를 형성한 곤충 기생균의 기록은 AD800년경 Fungus-born wasp의 서양서에 최초기록으로 전해지고 있다(Kobayasi, 1940). 최초 동충하초의 재배는 번데기동충하초(*Codyceps militaris*)로 1936년 Shanor가 동충하초 자실체 형성에 온도와 높은 광조건이 필요성에 관한 보고를 필두로 동충하초에 대한 연구가 시작되었다. 우리나라의 동충하초의 재배는 1998년 눈꽃동충하초 인공재배에 관한 연구의 시작으로, 1999년에는 누에를 이용한 동충하초의 생산 기술, 현미를 이용한 동충하초 생산 기술개발등의 연구개발 보고 및 개발로 동충하초에 대한 영양기주 변화가 일러나 동충하초의 다양한 재배기술이 개발되었다. 2001년(배 등)부터는 눈꽃동충하초의 불안전세대인 백강균을 이용한 미생물 제재 연구 분야로 확대되었다.

현미를 이용하여 재배하는 방법은 우리나라에서 가장 앞서 있는 재배방법으로 이러한 방법은 이미 중국과 일본에 특허를 등록되어 있으므로 앞으로 이 방법을 이용하면 대량 생산도 가능하다.

영양성분 및 기능성

동충하초의 중요성은 예로부터 도양에서는 삼대 명약으로 인심, 녹용과 함께 알리어지어왔다. 식물계인 인삼과 동물계인 녹용은 사람의 체질에 따라 다르지만 동충하초는 식물과 동물을 이용하여 균에 의하여 형성되는 자실체로 그 신비함과 더불어 누구나 복용하여도 된 현대인에게 가장 중요한 자원이 되었다. 이와 같이 동충하초는 사람에게 건강을 주는 중요한 자원이기도 하지만 식물생장 촉진, 해충방제를 위한 미생물 제제의 개발 가능성의 측면에서도 앞으로 중요한 가치가 있다.

동충하초의 한방 약재로는 고대 중국에서부터 이용되어 온 박쥐나방동충하초(*Ophiocordyceps sinensis*)에 의하여 미라가 된 유충들에서 형성된 자실체로부터 유래된다. 이 동충하초는 수분 10.84%, 지방 8.4%, 조단백 25.32%, 탄수화물 28,9%, 회분 4.1%로 구성되어 있으며, 지방 성분으로는 포화 지방산이 13%, 불포화 지방산이 82.2% 함유되어 있다. 비타민 B12는 100g당 0.29mg이 들어 있다. 한국에서는 동충하초(*Cordyceps*)의 대표종인 번데기동충하초(*Cordyceps militaris*)가 가장 많이 자생하며 이 동충하초를 현미를 이용하여 대량으로 생산 할 수 있는 기술이 개발되었으며 동충하초자실체로부터 새로운 물질인 militarin이라는 신물질이 분리 정제되었다.

동충하초의 기능성에 관한 기록는, “동충하초는 폐를 보호하고 신장을 튼튼하게 하는 영양강장제로, 면역 기능을 강화한다.”고 했다. 면역기능이 높아지면 저항력이 증가하여 어떤 병에도 잘 걸리지 않을 뿐만 아니라, 당연히 회복 속도도 빨라질 것이다. 동충하초의 약효는 동충하초가 여러 종류가 있기 때문에 모든 기능을 다 가지고 있다고 본다. 이제까지 밝히어진 동충하초는 호흡기 계통의 질환과 면역력 강화에 효과가 뛰어나다는 것이다.

최근에는, 동충하초의 종암억제율이 83%로, 높은 항암, 마약중독의 해독제로서 효과가 있는 것도 발견되었다. 뿐만 아니라, 동충하초는 자연 치유력을 가지고 있어서 심한 운동으로 체력 소모가 많을 때 회복 시간을 단축시켜 주는 효과가 있어, 중국에서는 육상 선수들이 복용하여 좋은 성과를 얻고 있다.

1) 번데기동충하초(*Cordyceps militaris*)

동충하초는 수분 10.84%, 회분4.1%, 조단백질 25.32%, 조섬유 11.2%, 지방산 8.4%, 탄수화물 28.9%를 함유하고 있으며 지방 성분으로는 포화지방산이 13%, 불포화 지방산이 82.2%, 비타민류로는 비타민 B12가 100g당 0.29mg 정도 함유되어 있는 것으로 보고되고 있다. 면역력을 증강시키는 항암물질로 알려진 Cordycepin은 1.1%, 심근결색을 예방하는 Mannitol은 97.2㎎/g, 암세포의 확산을 막고 AIDS 억제약으로 연구중인 동충하초 다당 물질인 Polysaccarid은 5.4%, 인체의 노화를 억제하며 성인병 예방에 주목받고 있는 SOD는 54u/g, 등의 주요성분이 함유되어 있다. 동충하초의 생리 활성 성분으로는 밀리타린, 코디세핀, 코디세픽 폴리사카라이드, 코디세픽산, 아미노산, 비타민 전구체 등이 함유되어 있다고 알려져있다. 코디세핀산은 연쇄상구균, 탄저균, 패혈증균 등의 성장을 억제한다. 또 혈소판을 증강시키는 작용이 있으며 골수의 조혈기능을 하며 암세포의 분열을 억제하는 것으로 알려지고 있다. 코디세핀과 밀리타린은 항암효과와 면역증강과 항피로작용을 하는데 효과가 있다.

2) 박쥐나방동충하초(*Ophiocordyceps sinensis*)

수분 10.8%, 회분 4.1%, 조단백질 25.3%, 조지방 8.4%, 조섬유 18.5%, 탄수화물 28.9%를 포함하며, 지방에는 포화지방산이 16.3%, 불포화지방산 82.2%가 포함되어 불포화 지방산 함유량이 높아 기능성 효과가 높고, 비타민은 B12가 0.29㎎/grk 정도, Mannitol은 78.81㎎/g, Polysaccaride 11.5%을 포함한다.

3) 동충하초의 기타 기능성(백강균)

동충하초의 중요성은 백강균(*Beauveria bassiana*)과 녹강균(*Metarhizium anisopliae*)을 이용하여 자연 생태계에서 곤충 개체군의 밀도 조절이 이루어진다는 사실이다. 최초로 곤충에 병을 유발하는 곤충기생균을 발견한 것은 미라화된 누에 유충을 불로장생의 부적으로 여긴 고대 중국인들이다. 이 동충하초가 자연의 중재자로 곤충 개체군의 밀도 조절과 관련된 특성 때문에, 선진국을 중심으로 한 여러 국가에서 그 특성을 이용해서 농작물에 큰 피해를 주는 해충 방제를 위한 천연 생물 농약 개발에 박차를 가하고 있다.

청가시열매동충하초(Shimizuomyces paradoxa)를 배양하여 뿌리면 식물의 생장과는 숙기를 단축시킬 수 있고 열매의 당도로 높이는 효과가 있어 앞으로 개발할 가치가 있는 자원이다. 이러한 천연 생물 농약의 개발 노력은 해충은 물론이고 화학 농약에 의해 발생되는 환경 오염까지 줄여 보자는 목적에서 큰 의미를 가지고 있다. 프랑스에서는 이미 동충하초로 만든 생물 농약이 시판 단계에 이르고 있으므로 한국에서도 이에 대한 개발에 박차를 가할 필요가 대두되고 있다.

생활주기

동충하초균은 토양 어디서나 살 수 있는 균으로, 자낭포자(子囊胞子)나 분생포자(分生胞子)를 형성하여 곤충들의 활발한 활동 시기인 봄, 여름, 가을에, 살아 있는 곤충의 호흡기, 소화기, 관절 등의 부드러운 부분에 부착하여 침입한다. 곤충에 부착하여 발아한 포자는 발아관(發芽管)을 형성하여 곤충 체내의 침입하고, 충체내 영양분을 섭취하면서 균사를 뻗어 결국 곤충을 죽음에 이르게 한다. 일단 균사가 곤충의 체내를 완전히 메우게 되면 균사는 딱딱한 균핵을 형성하여 곤충의 형태를 그대로 유지하다가 다음 해에 동충하초를 형성한다.

버섯이 나오는 부분을 일률적으로 말할 수는 없지만, 주로 곤충의 입, 가슴, 머리, 배에서 자좌(子座)를 형성하고 자좌가 성숙하여 자낭포자나 분생포자를 방출, 다시 곤충에 접촉하여 침입하는 과정을 반복한다.

발생 환경

일반적으로 동충하초도 버섯의 일종이므로, 다른 버섯의 생육 환경과 비슷한 조건하에서 발생하리라는 기대와는 달리, 다른 버섯보다 상당히 까다로운 생육 환경을 선호하고 있다. 대개의 경우 공기가 깨끗하고, 공중 습도가 높으며, 적당한 나무 그늘이 지며, 자연 상태로 유지된 장소에서 많이 발견된다. 값비싼 한약재로 사용되고 있는 중국산동충하초(*Ophiocordyceps sinensis*)의 경우는, 특히 생육환경이 까다로운 곳에서 채집된다. 그것은 극히 한정된 지방에서만 채취 되는데, 4월경,

해발 3000-4000m의 고산 지대로, 눈이 녹기전이 채집하기 좋을 때라고 한다. 일반적으로 동충하초가 발생하는 환경은 기주가 되는 곤충에 유리한 환경과 일치하게 된다. 침엽수림보다는 활엽수림에서 많은 종류의 동충하초가 발견된다. 활엽수림에서도 나무의 나이가 15년 이상 되고, 양 옆으로 물이 흐르는, 수분이 많은 지역에 조성된, 낙엽층이 두꺼운 부식토에서 주로 발견된다.

한국에 분포하는 동충하초는 종류도 다양하며, 그 종류에 따라 채집장소도 다르다. 자실체가 상대적으로 크고 조직이 연한 번데기동충하초(*C. militaris*), 큰유충방망이동충하초(*C.kyushuensis*), 풍뎅이동충하초(*C. scarabaeicola*) 등은 습도에 민감하게 영향을 받아 공기중의 상대습도가 높은 계곡 주위에서 발견되며, 시기도 장마철이 시작되면서 다수 발견된다. 자실체가 질기고 단단한 노린재동충하초(*Ophiocordyceps. nutans*)와 벌동충하초(*Ophiocordyceps sphecocephala*)는 다른 동충하초류에 비하여 환경 조건에 영향을 덜 받아, 숲 속에서 쉽게 채집된다〈그림 6-3〉.

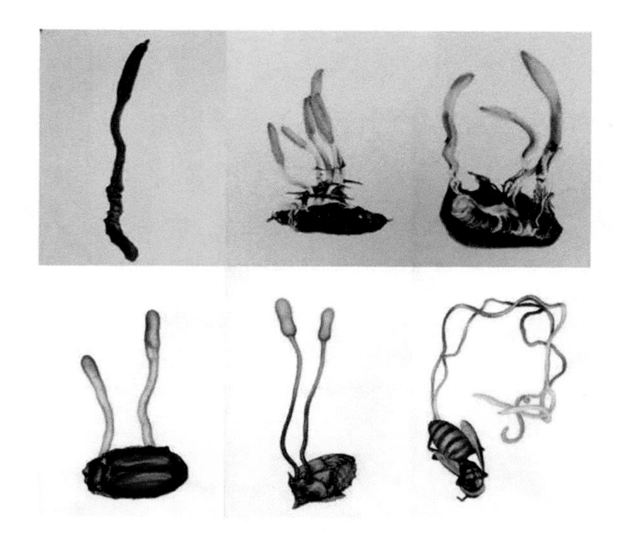

〈그림 6-3〉 숲속에서 채집되는 동충하초

이와 같이, 자실체를 형성하는 동충하초가 환경에 상당히 민감하게 영향을 받는 반면, 자실체를 형성하지 않고 기주의 표면에 포자만을 생산하는 동충하초는 환경의 영향을 덜 받아, 숲 속에서 비교적 쉽게 발견된다.

야외에서 발견되는 동충하초의 자실체 중에는 자실체 위에 또다른 균이 침입하여 자라고 있는 것이 종종 발견되는데, 초보자의 경우 이것을 새로운 동충하초의 발견으로 생각할 수도 있다. 그러나 이것은 자실체를 침입하는 균류가 2차 기생(二次寄生) 혹은 중복 기생(重複寄生)하는 것으로, 기생균이 기주의 조직 내에서 생장하여 자좌만을 외부에 형성하는 것과, 기주의 표면을 기생균의 균사가 덮어 분생자 위에 외생적으로 구형(球形)의 자좌 또는 포자과(胞子果)를 형성하는 것이 있다. 기생균의 대부분은 불완전균류에 속하는 바늘다발동충하초속(*Hirsutella*) 또는 유충봉오리동충하초속(*Polycephalomyces*)으로, 기생을 당하는 자실체로는 노린재동충하초(*O. nutans*)와 벌동충하초(*O. sphecocephala*)이고, 장마철이 끝날 무렵에 많이 발생한다.

발생 장소

동충하초는 다른 버섯과는 달리, 살아 있는 곤충에 침입하여 곤충을 죽게 한 후 발생하는 버섯이다. 그러므로 발생하는 장소는 곤충이 잘 살 수 있는 습기가 많은 계곡이나 언제나 습기가 있어 곤충이 사는데 지장이 없으면 장소에 상관이 없다. 한국에서는 대부분 습기가 있는 지역에서 발생하나 여름철에는 비가 많이 오기 때문에 강수량에 따라 발생 빈도도 다른다. 동충하초의 발생은 기주가 되는 곤충의 밀도, 종류, 살고 있는 환경과 생활사에 깊은 관계가 있다〈그림 6-4〉.

〈그림 6-4〉 동충하초가 발생하는 장소

일반적으로 쉽게 발견되는 동충하초는 기주가 되는 곤충이 땅 속에 존재하고 충체로부터 발생한 자좌를 땅 위로 뻗는 것이 대부분을 차지한다. 이 군에 속하는 동충하초의 기주는 주로 땅 속에서 생활하는 매미과, 풍뎅이과, 방아벌레과, 먼지벌레과, 딱정벌레과의 유충이나 번데기등이다. 때로는 땅 위에서 생활하지만, 땅 위에 떨어져서 땅 속에 묻히는 벌, 개미, 나무목이나 딱정벌레목의 유충과 성충 등이 기주가 되기도 한다. 대표종으로는 번데기동충하초, 큰유충방망이동충하초, 유충검은점박이동충하초(*O. agriotis*), 붉은자루동충하초(*C.pruinosa*) 등이 있다.

낙엽층 위로 자실체를 발생시키는 동충하초는 주로 낙엽층이 두껍게 쌓인 숲 속에서 발견된다. 이에 속하는 동충하초로는 대부분이 성충을 기주로 하여 형성되는 종들이다. 대표종으로는 노린재동충하초, 벌동충하초, 거품벌레동충하초, 풍뎅이동충하초, 나방흰가시동충하초, 눈꽃동충하초 등이 있다.

죽은 나무 속에서 형성되는 동충하초는 나무에 구멍을 뚫고 그 속에서 생활하는 딱정벌레 또는 나방류의 유충이나 성충 등이 기주가 된다. 이들 동충하초는 선 채로 말라 죽은 곤충이나 혹은 썩은 나무 위에 앉은 곤충에서도 발견되는데, 자연계에서 일어나는 목재 썩음 현상과는 육안으로도 쉽게 식별된다. 주로 땅 위에서 생활하는 잠자리과 등에서 볼 수 있으며, 대표종으로는 유충검은점박이동충하초, 유충흙색동충하초, 잠자리동충하초, 눈꽃동충하초와 거미동충하초 등이 있다.

〈그림 6-5〉 숲속에서 발견되는 동충하초

땅 위, 나뭇가지나 나뭇잎 위, 또는 이끼 위에서 발견되는 동충하초의 기주가 되는 곤충으로는 거미, 번데기, 개미 등이다. 거미를 기주로 하여 형성되는 거미동충하초는 나무잎 뒷면에서 주로 발견되고, 잠자리를 기주로 하여 형성되는 잠자리동충하초는 나뭇가지 위 또는 땅 위에서 발견된다. 이 밖에도 나방흰가시동충하초, 나방동충하초 등이 있다〈그림 6-5〉.

발생 시기

곤충의 몸 안으로 침입한 동충하초균은 그 곳에서 양분을 섭취하며 생장하여, 곤충의 몸 안에서 내생균핵을 형성한 후 적당한 환경이 주어지면 곤충 몸 밖으로 자실체를 형성한다. 한국과 같이 4계절이 뚜렷한 온대 지방에서 자실체가 발견되는 시기는 주로 6월부터 9월까지의 여름철로, 특히 장마철을 전후해서이다. 이 때는 습도가 높아지고 온도가 상승하는 시기여서 자실체의 생장이 가장 활발하기 때문이다. 동충하초균이 곤충의 몸 안에서 균핵으로의 생존 기간은 1년에서 수년간에 이르는 것도 있다. 이러한 균핵이 일단 곤충의 몸 밖으로 자좌가 형성하면서 자실체가 성숙하여 자낭포자를 방출하기까지의 기간은 각 동충하초의 균에따라 다르지만, 2주에서부터 길게는 2개월이 소요되는 것으로 알려져 있다. 자실체는 안에 있는 자낭포자가 다 날아가면 기주와 함께 썩어 버리는 것이 보통이다.

실험실에서 인공적으로 번데기동충하초(*Cordyceps militaris*)를 액체배지를 이용하여 대량 배양한 균사 조직을 현미 90%와 분쇄한 번데기 조각을 10% 넣어 배지를 만든 다음 접종하여 완전한 형태의 자실체를 형성하기까지는 보통 50일 가량이 소요된다. 그러므로 자연상태에서 형성되는 자실체 역시 이와 비슷한 기간이 소요될 것으로 추정되지만, 더 시일이 단축될 수도 있다〈그림 6-6〉.

〈그림 6-6〉 자연산동충하초에서 분리된 균주로 자실체 형성

그러나 매미긴자루동충하초(*Ophiocordyceps longissima*)는 기주인 감염된 매미가 땅속에서 깊이에 따라서 자실체가 형성되기도 한다. 채집하다 보면 매년 10㎝

씩 생장하여 7-8년 후에 땅위로 자실체를 형성하는 경우도 있다. 노린재동충하초(*Ophiocordyceps nutans*)와 같이 자루가 질긴 동충하초의 자실체의 형성은 이보다 오랜 기간이 소요되리라 본다. 그래서 자루가 질긴 많은 동충하초는 대개의 경우 겨울부터 생장을 시작하여 땅 속에서 자루를 뻗어 자라다가 이듬해 한여름에 자실체를 형성하게 되는 것으로 추정하고 있다. 왜냐하면, 인공 배양에 의한 벌동충하초(*Ophiocordyceps sphecocephala*)의 경우 4 ℃의 저온 상태에서도 활력을 가지고 생장하는 것으로 보아, 겨울에도 땅 속에서 생장을 계속하리라 본다.

이처럼 동충하초의 생장 기간은 생각보다 장기간을 요하는 경우가 대부분이다. 그러나 번데기에 생기는 번데기동충하초, 거미에 생기는 거미동충하초, 균에 형성되는 균생동충하초 등은 1년생이고, 조직이 연하므로 내생균핵의 형태로 월동하고 여름철에 발생시 1-3개월 안에 성숙한 자실체를 내어 포자를 날려 보낸 후 기주도 자실체와 함께 썩어 버린다.

동충하초 중에는 잘 채집되지 않던 진기한 종이 어떤 해에는 많이 발생하는 경우가 종종 있다. 그 원인은, 강우나 기온 등 그 해의 기상 요인들과 기주 곤충 간의 상호관계가 종합적으로 서로 잘 맞아 특정 종류의 동충하초의 발생을 촉진하는 것으로 추정된다. 그러나 이 발생의 주기는 동충하초의 발생에 필요한 몸 안에 형성된 내생균핵의 생존에 의해 생기는 것이 아니고, 오히려 전염원이 되는 포자가 확산하기 쉬운 기상과 계절, 곤충 상호간의 조화에 의한 것으로 이해된다.

이상의 이유로, 그 해에 어떤 종이 많이 발견되었다고 해서 매년 그 지역에 같은 종이 많이 발생하리라고 예측할 수는 없으며, 동충하초의 종류에 따라서는 발생주기가 10년-30년이 걸리는 것도 흔히 있다.

동충하초의 배양

담자균아문에 속하는 버섯은 숙주인 식물이 없을 경우에 식물성 유기질을 영양원으로서 발생하는데 동충하초는 버섯과 비슷한 모양의 자실체를 발생하여 포자를 형성하지만 기생 대상이 곤충이라는 점에서 다른 버섯과 다른 특징을 가지고 있다. 그러나 동충하초는 자연계에 발생하는 버섯은 극히 작아 인공배양이 필요하게 되었다. 이 동충하초의 인공배양은 매우 어려워 계속적으로 배양할 수 있는 방법의 체계는 아직 확립되어 있지 않고 몇 가지 종에 대한 인공배양 실험이 행해지고 있을 뿐이다.

1) 배양에 필요한 설비

동충하초균의 순수 배양을 위해서는 준비실, 무균실 및 배양실이 구비되어야 하나 실제로는 배양의 규모나 필요성에 따라 무균실 대신에 무균상을 이용 하거나 배양실 대신 배양항온기를 사용하는 경우도 있다.

준비실은 배지 및 기구의 준비와 배지의 조제 및 살균을 위한 살균기 그리고 수도, 가스, 전기 및 실험대 등을 설치하는데, 이것들을 작업하기 쉽도록 배치하는 것이 좋다. 그 중에서 고압증기살균기와 배양항온기를 같은 자리에 설치하면 배지의 살균 할 때 생긴 열과 수증기로 잡균에 의한 배지의 오염 확률이 높아지므로 서로 다른 자리에 설치하는 것이 좋으나 부득이 같은 장소에서 사용하려면 벽면과 가까운 곳에 설치하고 환풍기로 공기를 환기시키는 것이 좋다.

무균실은 잡균의 오염을 방지하기 위하여 청결하게 유지해야 하므로, 콘크리트나 타일 등으로 무균실 벽을 만들고 출입구는 이중문으로 설치하는 것이 좋다. 실내에는 접종대 외에 가스, 수도 등을 설치하며, 실내공기를 청결하게 하기 위해 공기여과기를 설치하고, 온도조절도 가능하게 하는 것이 좋다. 무균상은 준비실이나 배양실 등 적당한 위치에 놓는다. 무균상의 필터는 정기적으로 오염도를 점검해 교환해 줄 필요가 있다.

배양실은 접종한 균을 배양하기 위한 자리로, 온도조절이 가능하며 배양실 내부에 잡균이 자라지 않도록 제습하고 광이나 공기의 조절이 가능해야 한다. 온도는 동충하초균이 잘 자랄 수 있는 18~24℃ 범위로 유지시킨다. 실내습도는 배지의 건조나 오염과 관계가 깊으므로 낮게 하되, 배지의 건조가 방지되도록 용기의 마개 등에 주의가 필요하다. 따라서 습도가 높아지기 쉬운 장마 전후에는 제습작업을 하는 것이 좋다. 종균만 배양한다면 실내조명이 필요 없지만, 버섯의 발생에는 꼭 필요하므로 식물생장용 형광등을 설치한다. 배양실의공기는 무균 상태로 하고, 산소가 부족하지 않도록 한다.

2) 배양에 필요한 자재

동충하초 재배의 목적에 따라 배양소재의 종류나 배양용기 등이 달라져서 여러 가지 기구를 필요로 하며, 때에 따라서는 기재의 사용법이나 기구를 창의적으로 새롭게 고안해야 할 경우도 있다. 일반적으로 원균을 배양할 때는 시험관을, 진탕 배양할 때는 삼각플라스크를, 종균배양에는 용량이 큰 광구병을 사용한다. 배양용기로는 직경 18mm 정도의 작은 시험관을 이용하며, 삼각플라스크는 액체진탕배양 또는 원균을 장기 보존할 때 이용 하는데 그 용량은 100~1,000ml 정도이다. 배양용기의 마개에는 솜마개, 고무마개, 알루미늄호일 등이 있다. 그 외에 배지를 만들 때 필요한 메스플라스크, 홀피펫, 메스피펫 및 메스실린더, 시약병, 비이커 등이 필요하다. 배지의 pH를 조정하기 위해서는 pH메타, pH시험지 등의 준비가 필요하다.

살균할 기구로는 유리기구와 금속재의 작은 기구가 있으며, 미리 알루미늄호일에 싸서 건조기를 이용해 150℃에서 약 1시간정도 살균하여 사용한다. 배지의 살균은 고압증기살균기를 사용하는데, 일반적으로 살균기를 이용 하여(사진 32) 121℃에서 10~20분간 살균하면 되지만 실제로 온도와 시간은 배지의 용량에 따라 다르기 때문에 미리 조사해 둘 필요가 있다. 생장호르몬과 같이 고온에서 분해하기 쉬운 물질을 첨가할 경우에는 밀리포어 필터로 걸러 배지에 첨가한다. 한천배지에 첨가할 경우에는 한천이 굳기 전에 첨가하여 잘 흔들어 주어야 한다. 알코올의 경우 피부소독에는 50~85%액을, 기구소독에는 85%액을 사용한다.

4) 균사 생장 조건

번데기동충하초균의 주요 영양원은 탄소원과 질소원이며, 여기에 비타민류를 첨가하면 더욱 생장이 좋아진다. 균사생장적온은 25℃이며, 버섯 만들기에 적합한 온도는 이보다 낮은 18~20℃가 알맞다. 배지내 습도는 60~70%가 알맞고, pH는 5~6 정도의 약산성이 좋다.

광은 균사 생장할 때는 그다지 필요치 않으나 버섯 만들기에는 매우 중요한 요인으로 작용하며 자연광에 의해 조절이 가능하다. 통기 또한 버섯의 생성에 중요한 요인으로 영향을 준다.

5) 균사배양

원균의 배양은 균사체의 활력 및 형질을 안정하게 유지하기 위해서 보관균주를 3~6개월마다 계대 배양하여 4~10℃ 정도의 저온에서 보관하거나 액체질소통에 보관을 하고 있으며, 원균의 확대배양은 평판(petri-dish)배지에서 이루어지고 있다. 원균의 보존 및 배양에 사용되는 시험관은 10~25㎜×75~200㎜가 있으므로 배양 목적에 맞게 선택하여 사용할 수 있으나, 버섯균의 보존 및 증식을 위해서는 18×180㎜의 시험관을 주로 사용한다. 시험관 마개는 잡균의 오염을 방지하고 공기가 통하여 균사가 죽지 않고 생육할 수 있도록 하는 기능을 하는데 솜마개를 만들어 사용하기도 하나 시간과 노력이 많이 소요되므로 실리콘 마개나 스크류캡 시험관을 사용한다.

원균을 증식하고 보존하는 데에는 감자한천배지(Potato Dextrose Agar), 엿효모배지(Malt Yeast Agar), SDAY(Sabouraud dextrose agar)를 영양배지로 사용한다. 시험관 배양기의 조제는 한천이 첨가된 배지가 완전히 녹은 것을 시험관 길이의 1/4 정도 넣어준다. 이때 입구에 배지가 묻으면 마개를 통하여 잡균이 오염될 수 있으므로 깔대기에 작은 유리 대롱을 연결하여 조심스럽게 분주를 한다. 배지를 넣은 시험관은 실리콘 마개를 하고 시험관망에 넣어 고압살균기에서 충분한 배기를 하면서 121℃, 15psi(1.1kg/㎠) 압력으로 20분간 살균한다. 살균작업이 완전히 끝나면 압력이 자연적으로 내려가도록 한 후 시험관을 꺼내어 비스듬이 놓는다. 시험관을 비스듬이 놓는 이유는 동충하초균을 배양할 때에 표면적이 적으면 물에 균사가 닿아 세균에 의하여 오염이 될 수도 있고 호기성균인 관계로 배지표면에서 실과 같은 균사체를 형성하여 생장해 나가므로 표면적 증대를 위한 것이다. 사면요령은 배지의 한천이 굳기 전에 시험관 위부분에 1㎝높이의 깨끗한 받침대를 놓아주고 시험관을 옆으로 눕혀주며, 2~4시간 한천이 굳으면 동충하초균을 이식하여 원균인 균주로 이용 한다.

6) 액체종균의 배양

8리터의 배지를 만들기 위하여 필요한 배지성분은 황백당 240g와 대두분 24g가 필요하며, 18리터의 시판용 생수병의 경우는 황백당 540g와 대두분 54g가 필요하다. 무게를 잰 배지성분을 물에 용해시킬 때 배지액량이 8리터 또는 18리터일 경우에는 무거울 뿐만 아니라 파손의 위험성이 있다. 그러므로 전동 기구에 혼합기를 사용하면 시간과 노동력을 줄일 수 있다. 전동 기구는 일반적으로 사용하는 전기드릴에 배양액을 혼합시킬 수 있는 믹서를 연결하여 사용하고 있다. 그리고 배양할 때 발생되는 거품을 없애기 위하여 혼합이 완료된 배양액에 거품제거제로 식물성 기름을 미리 첨가한다. 첨가량은 배양액의 상층부분을 전체적으로 퍼질 수 있을 정도인 40~50㎖ 정도 첨가하면 된다.

일반적으로 배지를 살균하는 조건은 대개의 경우 121℃, 15psi(1.1kg/㎠)에서 15~30분 정도면 충분하게 살균이 된다. 5리터 이상의 배지를 살균하고자 할 때에는 살균시간을 충분히 고려하여 살균이 되지 않아 생기는 오염발생을 줄여야 한다. 살균이 되지 않으면 다른 균에 의하여 오염이 발생되는데 살균배양기 중 50%이상이 오염이 발생하게 된다. 또한 동일한 접종원을 접종원이 오염되어 있는 것을 모르고 사용할 경우 100%의 오염이 발생하게 된다.그리고 살균하는 과정에서 주의를 하지 않아 발생하는 오염율은 50%를 넘지 못하는 것이 통상의 오염발생현황이다. 병배양장치 8개를 동시에 살균할 수 있는 1,100리터 용량의 살균기와 100kg/시간 용량의 스팀보일러를 이용 하여 배지를 멸균하고 있다. 먼저 충분한 배기를 행하면서 살균기내의 온도가 100℃에 도달하면, 배기밸브를 닫고 105℃에서 약 60~90분간 유지한 다음 살균기 내의 온도를 올려 121℃, 15psi(1.1kg/㎠)에 도달하면 약 60분간을 살균하여 다른 균의 오염을 완전히 차단할 수 있는 멸균된 배양액을 만든다.

식용버섯균의 배양에서 잡균의 오염을 없애는 방법이 동충하초배양에서는 반드시 필요하다. 진탕 배양된 액체종균을 본 배양병에 접종할 때에는 잡균의 혼입에 특별한 주의를 기울여야 한다. 그렇게 하기 위해서는 외부의 공기에 노출되지 않으면서 다른 균이 들어가지 않도록 접종해야 한다. 접종기구는 공기 주입구와 액체배지의 배출을 위한 2개의 라인이 연결된 접종기구를 이용 한다. 접종기구의 공기 주입라인에는 필터를 연결하고, 접종원의 배출라인에는 연결관을 설치하여 접종할 때 접종기구의 연결관과 배양병의 연결관을 연결하여 보다 무균적이며 신속한 접종이 가능하도록 제작하여 사용하도록 한다.

무균상에서 삼각 플라스크에 배양된 접종원(배양액)을 살균된 접종원의 접종기구에 옮겨 담을 때. 접종기구의 입구나 삼각 플라스크의 입구에서 가급적 멀리 손 동작이 이루어지도록하여 잡균오염을 최소한으로 줄여야 한다. 그런 다음 배양액이 들어있는 접종기구의 연결관과 배양병의 연결관을 연결하고 접종기구의 공기주입구에 공기를 불어 넣어 배양병으로 배양액을 내보내게 한다. 이때는 접종작업 중에서 가장 오염이 잘될 수 있기 때문에 무균연결관의 주위를 화염살균을 하거나 알코올로 살균을 한 후 접종하는 것이 좋다.

접종이 완료되면 배양실로 옮겨 병배양장치의 통기라인에 공기압축기와 연결된 호스를 연결시킨다. 배양기로 보내지는 공기량, 즉 통기량은 0.5vvm(공기부피/배지부피/분)으로 병배양에서 최소통기량은 배양액의 혼합이 가능한 양을 통기시키는 것이 가장 좋다. 만약 과도한 통기를 행하게 될 경우 배양액의 손실뿐만 아니라 압축공기의 손실이 증가하게 된다. 병배양장치의 온도는 배양실의 온도로 조절하면 된다. 일반적으로 종균의 배양온도는 25±1℃가 알맞다.

7) 현미를 이용한 종균배양법

균주를 액체배양하여 대량으로 증식하였다면 현미를 이용 하여 버섯재배에 들어가야 하는데, 증식 현미의 배지량은 배양실의 상태와 멸균능력, 접종원 등에 따라 결정되어야 한다. 현미로 종균을 만들 때는 현미와 물의 양을 80g : 120ml, 1000g : 1000ml, 2000g :1800ml로 하는데 현미량이 증가함에 따라 물의 양을 적게 해야 한다. 일반적으로 현미배지와 물의 첨가량은 1:1정도가 적당하나 위에서 말한 바와 같이 현미의 상태와 멸균방법에 따라 조절할 필요가 있다. 배양조건의 온도는 20±2℃이고, 습도는 80%로 유지하는 것이좋으며, 환기는 배양실내가 신선하도록 광은 500lux 이상 되어야 한다. 배양기간은 10~20일이 걸린다.

재배 기술

1) 누에를 이용한 동충하초의 생산

누에에서 동충하초버섯을 인공적으로 생산하려고 할 때는 액체종균을 사용하는 것보다는 현미종균을 이용 하는 것이 좋다. 살균용 비닐봉지 안에 대량 배양된 하얀색의 동충하초균을 이용 하는데 포자증식을 위하여 2~3일간 살균된 종이위에 펴 놓으면 포자가 대량 생산하게 된다. 이 대량생산된 현미를 살균수에 넣고 흔들면 포자가 살균수로 떨어지게 된다. 이때 알코올로 세척한 분무기에 포자가 들은 물을 넣고 누에에 뿌려 접종하거나 현미자체를 믹서로 갈아서 누에에 접종 할 수도 있다. 이렇게 접종된 균사나 포자가 누에에 접촉하면 포자가 발아하여 누에에 침입한다. 침입된 균사는 몸뚱이 속의 영양을 이용 하여 대량으로 번식하여 몸뚱이 전체로 뻗어나가 그 속에서 성장하면서 누에 안에 균사의 조직인 내생균핵을 형성하게 된다. 누에의 모든 시기에 접종하면 동충하초균의 빈도에 따라 일찍 죽는 누에도 있지만 죽지 않는 누에도 있다. 애벌레 때에 죽은 누에는 동충하초균이 누에 안에 내생균핵이 차 있지만 버섯을 형성시킬 만한 영양분이 없으므로 동충하초가 형성되지 않는다. 그러므로 동충하초를 형성시키려면 5령 잠에서 깨어난 직후 큐틴층이 딱딱하게 되지 않고 연약하며 뽕을 먹지 않아 누에로서는 면역력이 약한 시기에 접종하면 된다. 누에에 접착한균을 활성시키는 기간은 동충하초균이 발아하여 누에에 침입하고 감염시킬 수 있는 확률을 높일 수 있는 중요한 기간으로 생각된다. 온도는 24±2℃로 하고, 습도는 80~90%로 유지하여 먹이를 주지 않는 조건에서는 동충하초균이 누에의 표피층을 통하여 침입 할 수 있는 기간은 24시간 정도 된다. 침입한 균사는 누에 안에 있는 물질을 영양 삼아 내생균핵을 만든 다음 밖으로 버섯을 인 동충하초를 형성하게 된다.

좋은 동충하초를 형성시키기 위해서는 누에 속에 침입한 동충하초균이 누에 안에서 잘 자랄 수 있는 환경을 만들어 주어야 한다. 그렇지 않으면 고치를 틀지 못하거나 고치를 튼 후에도 용화가 되지 못하고 누에상태로 죽거나 또는 세균병에 감염될 수도 있다. 그러므로 먹이, 온도, 습도, 환기 등을 고려하여 정상적인 누에사육에 노력하여 누에의 생육에 신경을 써 주어야 한다. 또한 누에는 사육할 때 모두 같은 날에 고치를 트는 것이 아니기 때문에 고치가 된 5일 후 고치를 잘라 세균에 오염된 것을 제외하고 모든 번데기는 모아서 버섯재배를 유도해야 한다.

버섯재배는 습도를 유지하는 것이 중요한데, 20±2℃의 온도를 유지해 주고 습도는 80-90%의 배양조건에서 번데기를 놓아 버섯재배를 유도한다. 기간은 약 30일 정도로 추측된다. 눈꽃동충하초는 버섯을 가 잘 형성되므로 접종만 잘 되면 쉽게 많은 동충하초를 얻을 수 있다.

2) 현미를 이용한 동충하초의 생산

(1) 번데기동충하초 재배의 일반적인 특징

번데기동충하초는 자낭균문에 속하는 버섯으로 불완전세대를 가지는 생활사를 하므로 빠른 퇴화로 인한 인공자실체 생산에 있어 안정적이지 못하다는 문제점을 가지고 있다. 이 때문에 단포자를 이용한 교배실험과 액체종균 사용으로 단포자 균주의 교배를 통한 우수한 균주 선발과 균의 변이에 대한 활력 실험을 통하여 안정적으로 인공자실체를 생산하는 것이 관건이다.

(2) 재배공정

번데기동충하초의 재배공정은 조직체에서 분리한 균주의 보관과 증식, 액체종균 준비, 배지조제, 접종, 배양, 생육 단계로 구분된다.

(가)액체종균 준비

분리된 우수한 균주를 증식시키기 위하여 yeast, peptone이용하여 액체배지를 만들어서 삼각플라스크 150㎖씩 넣어 균주를 1주일간 증식을 한다. 증식 후 같은 비율로 8리터병에 배지를 만들어 일주일간 배양을 하면 접종원이 완성이 된다.

(나) 배지조제

번데기동충하초의 주요 영양원은 현미이며, 여기에 비타민류를 첨가하면 더욱 생장이 좋아진다. 121℃, 15psi(1.1kg/cm2)에서 30분 정도 살균을 한다. 균사 생장 적온은 25℃이며, 자실체 형성에 적합한 온도는 이보다 낮은 18~20℃가 알맞다. 배지 내 습도는 60~70%가 알맞고,pH는 5~6 정도의 약산성이 좋다.

(다) 배양

균사 생장 적온은 25℃액체종균준비 이며, 자실체 형성에 적합한 온도는 이보다 낮은 18~20℃가 알맞다. 배지 내 습도는 60~70%가 알맞고, pH는 5~6 정도의 약산성이 좋다. 액체종균을 접종한 후 24℃ 전후로 온도를 일정하게 유지시키고, 형광등을 켜서 빛을 유지시킬 수 있는 배양실에서 1주일 배양한다.

〈그림 6-7〉 동충하초의 배양

(라)생육

형광등을 켜서 빛을 유지시키며 생육시킨다. 균사 표면이 차츰 색깔이 진해지면서 짙은 오렌지색을 띠게 되면 온도를 20℃로 유지해 주면 배지 표면에 자라는 균사가 솜털처럼 변한다. 15~18일이 지나면 배지 표면에 짙은 주황색을 띠는 돌기 모양의 균사 덩어리가 형성된다. 배지상태와 환경변화에 따라 다르지만 돌기모양의 균사 덩어리가 생긴 후 30~40일이면 수확이 가능하다. 보통 현미 40g에서 동충하초버섯 30~40g 수확이 된다.

〈그림 6-8〉 동충하초의 생육

수확 후 관리 및 이용

1) 수확 후 관리

동충하초로 재배하고 있는 동충하초 중에서 식품 허가가 난 것은 번데기동충하초와 눈꽃동충하초 두 가지가 있다. 번데기동충하초는 일명 밀리 타리스 동충하초라고도 번데기와 현미를 이용하여 재배를 하고 있다. 현미를 가지고 재배하는 현미동충하초는 접종한 후 50일이면 수확을 하여야 된다.

동충하초를 살아있는 상태로 포장하여 식당이나 필요하는 사람들에게 판매를 하는 것으로 비닐통에 넣어 포장을 한다. 다른 방법은 현미 배지에서 자실체만을 잘라내어 50g씩 포장을 한다. 현미배지와 동충하초 자실체가 붙어있는 상태로 건조시키어 지퍼백에 넣어 보관을 한다.

태양의 버섯, 신령버섯

1. 서언
2. 버섯균이 자라는 환경
3. 퇴비 제조
4. 맺음말

01 서언

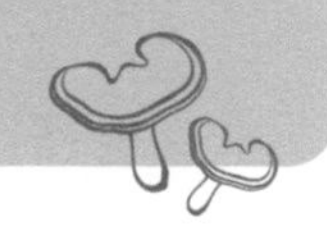

신령버섯(*Agaricus blazeilensis*)은 들버섯속 송이과에 속하는 버섯으로 원산지는 브라질의 남서부 지역이고, 미국의 플로리다와 중남미의 중원 지대에 분포하는 것으로 알려져 있다. 브라질에서는 예부터 신령버섯을 태양버섯(Cogumelo de sol) 혹은 신의 버섯(Cogumelo de Deus)이라 불렀다. 일본에서는 히메마추다케로 불린다. 1978년에 이와데 버섯회사에서 양송이버섯 재배법에 기초해 처음 재배법을 개발한 후 널리 알려졌다. 항암 효과 등 기능성이 풍부하고 아몬드향이 나서 서양에서는 수프로 만들어 먹거나 말린 후 차를 끓여 마시는 등 다양한 요리 재료로 이용되고 있다. 또한 대만에서는 영지버섯 이후로 동충하초와 함께 가장 대중적인 약용버섯으로 인정받고 있다. 우리나라에서는 1994년부터 농촌진흥청에서 균주 수집과 함께 재배 기술을 연구하여 1997년에 대량 안전 생산 기술을 확립하고, 신령들이 먹는 신령스러운 버섯이란 의미로 '신령버섯1호'라 이름 붙여 1998년부터 농가에 보급하였다. 일반인들에게는 아가리쿠스버섯이라고도 알려져 있다. 신령버섯의 분류학상 형태적 특징을 보면 일반 양송이류보다 대가 굵고 길며, 포자가 흑색으로 변하는 시기가 늦을 뿐만 아니라 향이 강하고 대의 육질은 감미가 있다. 갓 직경은 6~12㎝이며, 초기 형태는 종형(鐘形)이었다가 반원형이 되며 후에 편평해진다. 갓의 표면에는 갈색의 작은 인편이 있다. 갓 표면의 색은 발생 조건에 따라 달라지는데 백색, 연갈색이나 갈색을 띤다. 대의 길이는 5~10㎝, 굵기는 8~15㎜로 기부는 굵고 상부는 가늘다. 대의 색은 백색이나, 손으로 만지거나 상처가 나면 황갈색으로 변한다. 포자는 타원형으로 5-6×3㎛이며, 암갈색을 띤다. 최근에는 브라질에서 대부분 재배되고 있으며 국내 재배 농가 수는 현저히 감소하는 추세이다.

02 버섯균이 자라는 환경

신령버섯의 균사 생육에 영향을 주는 요인은 여러 가지가 있으나 그중 가장 큰 영향을 미치는 것은 균사 생육 시의 온도와 산도, 배지의 영양원 종류, 외부 광, 배지 수분 등이다.

온도

신령버섯은 균사가 생장할 수 있는 온도가 15~40℃로 생장 범위가 양송이에 비해 넓은 편이며 최적 온도는 25~30℃이다. 그러나 20℃ 이하나 35℃ 이상에서는 균사 생장이 불량하며 특히 45℃가 넘어가면 생장이 정지된다.

〈표 7-1〉 온도에 따른 신령버섯의 균사 생장(1996, 농과원) (㎜/12일)

온도(℃)	15	20	25	30	35
균사 생장	19.2	24.0	57.0	76.5	30.5

산도

일반적으로, 배지의 산도는 균사 생장 속도에 영향을 준다. 신령버섯은 약산성인 산도(pH) 6~7 사이에서 균사 생장이 양호하다. 강한 산이나 강한 알칼리 상태에서는 균사 생장이 급격히 줄어들며 균사 밀도도 성글어진다.

〈표 7-2〉 pH에 따른 신령버섯의 균사생장량(1996, 농과원) (㎎/20일)

pH	4	5	6	7	8	9
균사생장량	237.7	247.0	258.3	269.3	252.0	226.0

빛

느타리버섯이나 표고버섯 등 많은 버섯들이 균사 생장 단계에서는 빛을 주지 않아도 생장에 큰 영향을 받지 않으며, 균사 생장이 끝난 후에 버섯 발생을 돕기 위해 빛을 쬐어준다. 그러나 신령버섯은 균사 생장 단계에서도 빛을 쬐어주면 안 했을 때보다 균사 생장이 촉진되는 특징을 갖고 있다. 반드시 빛을 조사할 필요는 없으며 생육 기간을 단축시키고자 할 때 빛을 쬐어주는 것이 유리하다.

〈표 7-3〉 신령버섯 균사 배양 시의 빛 조사 효과

배양 조건	균총 직경(㎜)	생장률(%)	균사 밀도
암 상태	37.0	59.7	+++
명 상태	62.0	100	++++

배지 수분

신령버섯은 양송이처럼 퇴비배지를 제조하여 재배하는데, 퇴비배지의 수분 함량이 균사 생장과 버섯 수량에 매우 중요한 역할을 한다. 퇴비배지의 수분 함량이 67.9%일 때 균사 생장이 가장 양호했고, 이보다 낮거나 높으면 균사 생장이 현격하게 저해될 뿐만 아니라 균사의 치밀성도 매우 낮아졌다. 또한 재배할 때는 퇴비의 수분을 적정하게 맞춰주는 것도 중요하지만 퇴비과정 중에 적정한 수분을 일정하게 유지하는 것도 매우 중요하다.

〈표 7-4〉 퇴비배지의 수분 함량과 균사 생장 비교

수분 함량(%)	균사생장률(%)	균사 밀도*
57.5	53.0	+++
67.9	100.0	++++
74.1	87.0	++++
87.8	32.0	++

* ++ 낮음, +++ 보통, ++++ 높음

03 퇴비 제조

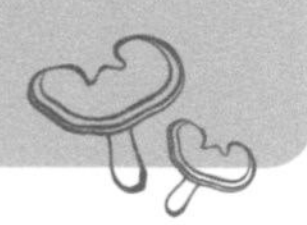

신령버섯 퇴비는 볏짚, 밀짚, 마분볏짚, 사탕수수박과 같은 주재료에 계분, 깻묵, 미강 등 유기태 영양원, 요소와 같은 질소원 등을 넣고 발효 미생물의 도움을 받아 만들며, 기존의 양송이 퇴비 제조법과 큰 차이가 없다. 퇴비 제조에서 중요한 점은 적당한 온도, 수분과 산소를 공급하고 재료에 알맞은 영양분을 첨가한 후 호기성 발효를 유도하기 위하여 뒤집기 작업을 충분히 해주는 것이다.

퇴비배지의 재료는 신령버섯 균사 생장과 버섯 형성에 필요한 영양원이 있어야 하며, 이 재료들을 배합할 때는 발효 과정을 거친 다음 버섯균에 영양분을 균형 있게 공급할 수 있도록 해야 한다. 따라서 퇴비 재료를 배합할 때는 발효 미생물이 적절하게 생장하고 번식할 수 있게 해야 하며, 나아가 발효된 퇴비가 신령버섯균의 생장과 발이에 적당해야 한다.

퇴비배지 재료의 종류와 품질, 재료 배합 방법은 발효 과정에 큰 영향을 끼치고 배지의 영양 상태, 물리적 성질 등 품질을 결정하는 중요 요인이므로 재료의 선택과 배합에 신경을 많이 써야 한다.

퇴비배지 재료

퇴비배지를 만드는 재료는 주재료와 첨가 재료, 보조 재료로 나눌 수 있다. 주재료는 주로 탄소원을 가진 것으로 볏짚, 보릿짚, 밀짚, 산야초 등 퇴비 더미의 80% 이상을 점유하는 기본 재료이다. 첨가 재료는 신령버섯균과 발효 미생물이 생장하는

데 필요한 영양분 중 주재료에서 부족한 영양분을 보충하기 위한 것들로, 무기질 비료인 요소와 닭똥, 쌀겨, 깻묵, 밀기울, 장유박(간장을 만들고 남은 찌꺼기) 등 유기질 첨가물이 이에 속한다. 보조 재료는 영양원 효과는 없으나 발효 과정에서 퇴비의 이화학적 성질을 조절하는 것으로 석고나 탄산석회 같은 것들이다. 퇴비 재료를 배합할 때는 주재료에다 첨가 재료와 보조 재료를 균형 있게 섞어야 한다.

가. 주재료

신령버섯은 탄소동화작용을 하지 못하기 때문에 탄수화물을 공급받지 못하면 생장, 번식할 수 없다. 신령버섯균의 1차 에너지원으로 짚을 구성하고 있는 셀룰로스와 헤미셀룰로스, 리그닌이 있는데 이들은 퇴비 발효나 균사 생장 기간, 수확 기간 등 전 생육기간에 중온성 미생물에 의해 분해되어 신령버섯균에 이용된다.

신령버섯 인공 재배를 위한 배지의 주재료는 볏짚과 밀짚, 마분볏짚, 사탕수수박, 보릿짚 등이다. 우리나라에는 볏짚을 주재료로 한 합성 퇴비를 사용하고 있다.

볏짚은 탄수화물과 회분 등 주요 성분이 밀짚이나 보릿짚과 큰 차이가 있으며, 수분흡수력이 높고 미생물이 분해·이용하기 쉬워서 발효가 신속하게 일어나므로 신령버섯 퇴비의 재료로서 유리한 점이 많다. 밀짚이나 보릿짚은 조직이 볏짚보다 단단하며 수분의 흡수 속도가 늦고 흡수량도 많지 않아 미생물이 쉽게 분해할 수 없으므로, 충분히 수분을 먹이고 닭똥이나 쌀겨와 같은 발효 촉진 재료를 충분히 첨가하는 것이 좋다.

나. 첨가 재료

퇴비배지의 주재료는 신령버섯균의 생장과 발효 미생물의 번식에 필요한 영양분을 고루 갖추고 있지 못하기 때문에 볏짚이나 밀짚, 보릿짚만으로는 신령버섯의 퇴비배지를 만들 수 없고, 부족한 영양분을 공급할 첨가 재료의 배합이 필요하다. 첨가 재료에는 무기태와 유기태가 있다. 무기태급원은 질소, 인산, 칼륨 등이 특히 중요하다. 신령버섯 퇴비에 사용되는 질소원은 요소가 권장되고 있다. 요소는 퇴비 중에서 분해가 매우 빠르고, 분해 산물인 암모니아는 짚을 부드럽게 연화해 수분 흡수를 빠르게 하며, 퇴비의 발효를 촉진하고, 미생물의 질소원으로 이용되어 신령버섯의 영양분 축적을 증대시킨다. 유기태급원으로는 주로 닭똥과 쌀겨가 널리 사용되고 있으나, 가용성 탄수화물, 단백질과 지방질 함량이 높은 재료인 면실박, 폐당밀, 맥주박, 깻묵, 장유박 등 각종 농가와 공장 부산물도 사용이 가능하다. 특히 신령버섯은 미강과 밀기울을 함께 사용하면 버섯 수량이 증가한다.

〈표 7-5〉 유기태급원이 신령버섯 수량에 미치는 영향(1997, 농과원)

유기태급원	초발이 소요 일수(일)	개체중(g)	수량(kg/평)
미 강	48	44.7	19.6
밀기울	47	48.8	25.9
미강+밀기울	50	35.9	27.0
계분+미강	49	39.8	21.8

다. 보조 재료

퇴비배지 재료를 배합할 때는 주재료와 첨가 재료 이외에 배지의 물리성 개선과 산도 조절 등을 위한 보조 재료도 넣어주어야 한다.

석고는 퇴비의 표면이 교질화(콜로이드화)하는 것을 방지하여 짚의 내부까지 공기와 수분이 잘 침투하게 하고, 퇴비의 끈기를 없애며, 수분 과다로 인한 악변을 방지할 뿐만 아니라, 신령버섯균 생장에 필수적인 칼슘을 공급한다. 칼슘은 퇴비의 발효와 신령버섯 균사 생장 중에 생성되는 유해 물질을 해독하는 작용도 가지고 있다. 석고 첨가량은 보통 볏짚의 1%가 권장되고 있으나 퇴비의 질적 상태가 불량하면 3~5%까지 증가될 수도 있다. 첨가 시기는 마지막 뒤집기 때 하는 것이 보통이다.

퇴비 재료의 배합

신령버섯은 균사 생장과 자실체 형성을 위하여 탄소, 질소, 각종 무기 원소와 비타민류를 필요로 한다. 퇴비 재료 배합 시에는 신령버섯이 필요로 하는 양분이 균형 있게 함유되도록 해야 하며 발효 미생물의 활동에 필요한 영양분도 첨가해야 한다.

가. C/N율과 산도(pH)

C/N율은 신령버섯균의 생장과 자실체 형성에 큰 영향을 끼친다. 일반적으로 퇴비 발효에 관여하는 미생물들은 질소 1에 대하여 탄소를 10~15의 비율로 소모한다고 알려져 있다. 그러나 이처럼 많은 양의 질소를 첨가하면 신령버섯균의 생장과 자실체 형성에 적당한 C/N율보다 훨씬 낮아져, 퇴비의 암모니아태질소 잔류량 과다로 버섯균이 자랄 수 없고 잡균의 발생이 증가한다. 신령버섯 퇴비의 적당한 C/N율은 퇴적 시 25~30 내외, 종균 접종 시 17~20 정도인 것으로 알려져 있다. 또한 퇴비는 적정 균사 생장 유지와 잡균 발생 억제를 위해 일정 범위의 산도를 유지해야 한다. 신령버섯 퇴비는 닭똥과 요소비료를 첨가하여 퇴적 초기에는 산도가 8.5~9.0 정도의 알칼리성을 나타낸다. 발효가 진전되고 퇴비 중 암모니아가 감소하면서 산도가 떨어지면 후발효 입상 시에는 8.0 내외가 된다. 후발효가 끝나고 종균을 접종할 때는 7.5 내외가 되는 것이 좋다.

퇴비 재료 중 산성 반응을 나타내는 것은 석고, 쌀겨, 깻묵, 장유박, 글루타민산 등이며, 닭똥, 석회질소, 탄산석회, 소석회 등은 알칼리성이고 볏짚과 요소는 중성이다.

나. 재료의 배합

볏짚을 주재료로 한 신령버섯 퇴비의 기본 배합은 양송이에 준하나 전질소의 수준이 2.0%로 조금 높은 것이 수량성에 더 좋다. 그래서 양송이 재배용 퇴비보다는 요소와 계분의 양을 조금 늘리는 것이 유리하다.

〈표 7-6〉 신령버섯 퇴비 재료의 기본 배합례 (1970, 1996, 농과원) (단위 : %)

버섯	재배 시기	볏짚	계분	미강	요소	석고
신령버섯	봄, 가을	100	10~15	5	1.2~1.5	1~3
양송이	봄	100	10	5	1.2	1
〃	가을	100	10	–	1.5	1

〈표 7-7〉 퇴적 기간과 전질소 수준별 수량 (kg/3.3㎡)

퇴적 기간 (일)	전질소 수준(%)					
	1.0		1.5		2.0	
	수량	개체중	수량	개체중	수량	개체중
15	12.3	40.9	16.5	32.5	23.7	34.9
20	22.1	36.3	9.9	32.9	12.9	35.6
25	12.6	32.1	18.1	30.3	22.5	42.1

볏짚 1,000kg에 대하여 계분 100kg, 미강 50kg을 배합하고 퇴적 시 전질소 수준을 2.0%로 조절하려면 다음과 같이 계산할 수 있다. 재료의 수분 함량을 모두 15%로 할 때 건물량은 볏짚 850kg, 계분 85kg, 미강 42.5kg이며 이 속에 함유된 질소 함량은 각각, 볏짚 850kg×0.7/100=5.95kg, 계분 85kg×2.67/100=2.27kg, 미강 42.5kg×2.44/100=1.04kg으로 재료 977.5kg에 들어 있는 전질소는 9.26kg이다. 이 경우 전질소 수준을 2.0으로 조절하려면 19.55kg의 질소가 필요하다. 따라서 부족한 질소량은 19.55-9.26=10.29kg으로 요소비료로서 첨가해주어야 할 양은 10.29kg×100/45=22.86kg이다.

야외 퇴적

가. 가퇴적과 본퇴적

야외 퇴적 장소는 보온과 관수 시설이 완비된 곳이 이상적이지만, 노천을 이용할 경우에는 병해충 오염, 기상 악화에 대비한 조처와 계절적인 영향에 대한 충분한 대책이 있어야 한다.

야외 퇴적 단계는 주재료에 충분한 수분을 공급하여 짚을 부드럽게 한 뒤 발효 미생물 생장에 필요한 수분을 공급하기 위해 가퇴적을 하고 2~3일 후 본퇴적을 한다. 우선 가퇴적 시에는 볏짚을 짧게 절단하여 잘 흩뜨리고 꼭꼭 밟아 쌓아야 수분 흡수가 잘 되고 그 후의 발효가 원활하여 좋은 퇴비를 만들 수 있다. 좋은 퇴비를 만드는 첫째 요건은 재료의 수분 조절이다. 보통 볏짚 100kg당 물 소요량은 손실량을 포함하여 370L 내외인데, 최소한 전 공급량의 70% 이상은 가퇴적 때 주고 나머지는 본퇴적 때 준다. 가퇴적 기간은 2~3일로 한다. 가퇴적 기간이 길어지면 질소의 공급이 없는 상태에서 짚이 이상 고온으로 부패하여 영양분의 손실이 많아지고, 특히 리그닌의 분해가 심하다. 가퇴적은 퇴비의 발효를 좋게 하여 질소의 손실을 억제하고 암모니아의 잔류량을 감소시킨다.

가퇴적을 하고 2~3일이 경과한 후 퇴비 더미의 온도가 올라가지 않더라도 본퇴적을 실시한다. 본퇴적 시에는 건조한 부분에 물을 충분히 뿌리고, 닭똥, 쌀겨, 깻묵 등 유기태급원과 요소를 뿌려서 퇴적 틀에 밟아 쌓아둔다. 유기태급원은 전량을 짚과 골고루 혼합해주고 요소는 사용량의 1/3만을 뿌린다.

요소는 퇴비에 섞으면 분해 속도가 매우 빠르기 때문에 일시에 다량의 요소를 첨가하면, 퇴비의 암모니아 농도가 급격히 증가하여 발효 미생물의 활동을 감소시키고 공기 중으로 방출되면서 질소의 손실이 커진다. 그러므로 본퇴적 시와 1회와 2회 뒤집기 때 1/3씩 나누어 뿌리는 것이 좋다.

나. 뒤집기

뒤집기는 퇴비 재료를 잘 혼합하고 산소 공급을 원활히 하며 발효열과 수분의 분포 상태를 조절하여 퇴적 상태를 균일하게 하기 위한 과정이다. 야외 퇴적 중 뒤집기 작업은 퇴적 상태에 따라 다르지만 5~6회에 걸쳐서 실시한다. 뒤집기가 늦으면 산소 공급 부족으로 혐기성 발효가 유발되고 고온으로 인한 이상 발효가 일어나서 수량이 감소한다. 이론적으로 퇴비의 발효는 55℃ 내외일 때가 가장 좋다. 그러나 야외에서 뒤집기 작업을 할 때는 퇴비가 65~70℃의 온도 범위에서 발효될 수 있게 하고, 산소의 공급이 부족하여 발효가 중단되기 전에 실시한다. 수분은 부족한 부분에만 약간씩 뿌려서 퇴비의 수분 함량이 72~75%가 되게 한다. 수분은 1차 뒤집기 때까지는 완전히 조절하고 4~5차 때는 육안으로 보아 약간 건조한 것처럼 보여야 정상이다. 뒤집기 중 수분 함량이 높으면 퇴비 더미 내부의 공기 유통이 제대로 되지 않아 혐기성 발효가 유발되기 쉬우므로 뒤집기를 자주 하여야 한다. 뒤집기 때 퇴비 더미를 쌓는 모양은 발효 환경에 큰 영향을 미친다. 뒤집기 초기 단계에는 더미를 높고 넓게 쌓고, 퇴비의 발효가 진전되면서 높이와 폭을 줄이고 성글게 쌓아서 퇴비 온도와 산소 공급이 적당하게 한다.

퇴비의 야외 퇴적 기간은 기상 조건과 재료의 배합에 따라 달라지지만 특별한 경우를 제외하고는 일반적으로 20~25일 내외가 적당하다. 이 기간은 퇴비의 발효 상태에 따라 다르므로 퇴비 퇴적 기간 중의 적산온도에 따라 결정하는 것이 합당하다. 야외 퇴적 기간은 적산온도가 900~1,000℃일 때 마치는 것이 좋다.

퇴비 후발효

후발효를 실시하기 위하여 퇴비를 재배사 내 균상에 넣는 과정을 입상이라 한다. 입상 시 퇴비의 수분 함량은 72~75%, pH는 7.5~8.0 정도가 적당하다. 입상량은 원료 볏짚 125kg/3.3㎡ 기준으로 150kg 이상을 권장하고 있다. 입상 시 단별 입상량은 1단이 많고 상단으로 올라갈수록 퇴비량을 줄이는 것이 바람직하다.

퇴비의 입상이 끝나면 출입문과 환기구를 밀폐하고 재배사 퇴비 온도를 60℃로 높여 6시간 동안 유지한다. 정열이 끝나면 퇴비 온도 55~58℃에서 1~2일간 발효시키고 그 후 퇴비의 자체 발열이 감소하면 퇴비 온도도 함께 낮추면서 50~55℃에서 2~3일, 48~50℃에서 1~2일간 발효시킨다. 45℃ 내외일 때 퇴비 상태를 보아 발효를 종료시킨다. 후발효 기간 중에는 수시로 환기하여 호기성 발효가 되게 한다.

후발효 종료 시 퇴비의 수분 함량은 68% 정도가 적당하므로 이 범위를 벗어나지 않게 유지하는 것이 매우 중요하다. 그리고 후발효 종료 시 암모니아 농도는 300ppm 이하여야 한다.

종균 접종 방법과 균사 배양

종균을 접종하는 방법은 층별 재식, 혼합 재식, 표면 재식 등이 있다. 우리나라에서는 주로 층별 재식을 이용하며, 서구에서는 혼합 재식을 사용하고 있다.

〈표 7-8〉 층별 퇴비량에 따른 종균 재식 비율

층별	퇴비 비율 (%)	종균 재식 비율 (%)
표층	5	10
상층	25	30
중층	40	30
하층	30	30
계	100	100

종균 심는 양은 종균의 종류, 재배 시기, 퇴비 상태와 퇴비량에 따라 달라져야 한다. 일반적으로 장려되고 있는 종균 재식량은 6~8병/평이 적당하다.

종균 재식이 끝나면 바로 퇴비 온도를 균사생장이 양호한 20~25℃로 유지해야 한다. 균사 배양 온도는 재배 시기, 재배사의 형태, 균상 위치, 퇴비량, 상태 등에 따라 많은 차이가 있으나 어떠한 경우든 퇴비 온도를 적온으로 유지하여야 한다. 종균의 활착열은 종균 재식 후 6~7일경부터 발생하므로 이 시기에는 퇴비의 온도 조사를 철저히 해야 하며, 퇴비 온도가 상승하기 시작하면 실내 온도를 적온보다 낮게 유지해야 한다. 퇴비의 균사 배양 기간은 약 14일이 소요된다.

〈그림 7-1〉 균사 배양 완료상태

이때, 실내 습도는 85~90% 정도로 유지해야 하며, 건조한 경우에는 재배사 벽과 바닥에 물을 뿌려서 습도를 높이고 퇴비 위를 신문지나 비닐 등으로 피복하고 물을 뿌려 퇴비가 마르는 것을 방지하여야 한다.

복토

가. 복토 조제와 소독

우리나라에서는 복토 재료로 주로 식양토와 토탄을 사용하고 있다. 복토 조제 방법은 먼저 흙을 9mm체와 2mm체로 친 다음 이것을 합하여 사용하면 된다. 신령버섯은 식양토 100%를 그대로 사용하거나 식양토 80%에 토탄을 20% 혼합하여 복토 재료로 사용한다.

〈표 7-9〉 복토 재료별 신령버섯의 균사 생장 비교(1996, 농과원)

혼합 비율	균사 생장 길이 (mm/10일)	균사 밀도*
식양토 100%	10.7	2
식양토 80% + 토탄 20%	9.9	3
식양토 60% + 토탄 40%	8.2	4
토 탄 100%	3.1	5

우리나라의 흙은 대부분 산도 pH 5~6 범위로 산성 반응을 나타내므로 복토 조제 시에는 반드시 소석회를 0.4~0.8% 정도 첨가하거나 탄산칼슘을 0.5~1.0% 첨가하여 산도를 7.0 정도로 교정해야 한다.

복토의 혼합이 끝나면 소독을 한다. 소독 시 열이 균일하게 침투되도록 하기 위하여 토양을 체로 쳐야 하며, 작은 구멍이 뚫린 파이프로 만들어진 증기 소독장에 약 50cm 두께로 흙을 쌓고, 흙 온도를 최소한 80℃ 정도까지 올린 후 60분 정도 유지한다.

나. 복토 방법

복토 재료의 준비가 끝나면 복토하기 1~2일 전에 재배사의 온도를 2~3℃ 정도 낮춘다. 그리고 균상의 건조한 부분은 분무기로 물을 뿌리고 퇴비를 잘 다진 다음 표면을 균일하게 다듬는다. 복토는 버섯균이 퇴비 내에 완전히 자란 다음 실시한다. 일반적으로 종균 재식 후 15일 정도가 되면 복토를 할 수 있다.

복토 방법은 이랑형과 평편형이 있는데 균상 관리 면에서 이랑형이 좋으며 수량

증수에도 유리하다. 균상 표면을 편평하게 고른 다음 복토 표면이 굴곡지게 하여 낮은 부분은 2.5cm, 높은 부분은 4.0cm가 되게 한다. 그러나 노동력과 관리적인 측면에서는 평편형이 꼭 나쁘다고 할 수 없으며 균사 생장이 얼마나 잘 되는지가 가장 중요하므로 본인의 여건에 맞게 선택해서 하면 된다.

이랑형

평편형

〈그림 7-2〉 신령버섯 재배 시 복토 방법

균상 관리와 수확

가. 복토 직후의 관리

복토 후에는 균사가 복토층으로 가급적 빨리 생장하게 관리하여야 한다. 즉 균사가 복토층으로 올라오기까지는 균사생장기와 마찬가지로 온도를 25±2℃로 조절하고 복토층이 건조되지 않게 실내 습도를 높게 유지하면서 균상 표면에 신문지를 피복한다. 신문지 피복은 버섯 발생을 촉진하며 증수 효과가 있다. 피복한 후에는 신문지 위에 수시로 관수하여 복토가 건조하지 않게 하는 것이 좋은데, 복토 표면 온도가 낮아 균사가 복토 위로 올라오지 못하는 경우가 있으므로 신문지에 지나친 찬물 관수를 해서는 안 된다. 복토 직후부터 1주일 정도는 퇴비와 복토층의 균사 생장이 왕성하고 복토로 인하여 퇴비열의 방출이 억제되어 재발열을 일으키기 쉬우므로 퇴비 온도를 25℃ 내외로 유지하기 위해 실내 온도를 이보다 낮춰 관리하여야 한다.

복토 직후부터 초발이 전까지 즉, 균사 부상 기간은 대략 7~10일이다. 복토층의 적당한 균사 축적량은 복토 재료와 종균에 따라 차이가 있으나 대체로 60~70%의 균사가 출현하면 된다. 수량은 복토층의 균사량과 밀접한 관계가 있어서 균사량이 적으면 초기 버섯 수가 적고 수량이 낮으며, 균사량이 너무 많으면 버섯 발생은 양호하나 품질이 저하되며 후기 수량이 낮아져 다수확이 어려워진다.

나. 초발이 기간 중의 관리

복토 표면에 균사가 출현하면 영양생장기에서 버섯이 형성되는 생식생장기로 전환해야 한다. 신령버섯은 고온이 계속되는 한 영양생장을 계속하려는 특성이 있으므로 생식생장기로 유도하기 위해서는 재배사의 실내 온도를 25±2℃로 유지하는 동시에 수분 공급과 재배사의 환기를 하여 버섯이 발생하게 유도한다.

버섯 발생과 생장 시 탄산가스의 농도가 낮아야 하므로 재배사는 수시로 환기하여 신선한 공기를 공급해야 한다. 환기량은 일반적으로 균상 면적 1평당 한 시간에 10~20㎥의 신선한 공기 공급이 필요하나 균상 면적이 크고 퇴비의 두께가 두꺼울 때, 균사의 생장이 왕성할 때, 실내 온도가 높을 때는 환기량도 그만큼 증가해야 한다. 버섯은 90% 내외의 수분을 함유하고 있으며 이 수분은 퇴비와 복토로부터 흡수한다. 자실체 원기의 형성은 수분의 영향을 크게 받기 때문에 균상에 버섯이 신속히 그리고 균일하게 발생하도록 하기 위해서는 관수 작업을 잘해야 한다. 실내의 습도도 신령버섯 생장에 중요한 역할을 한다.

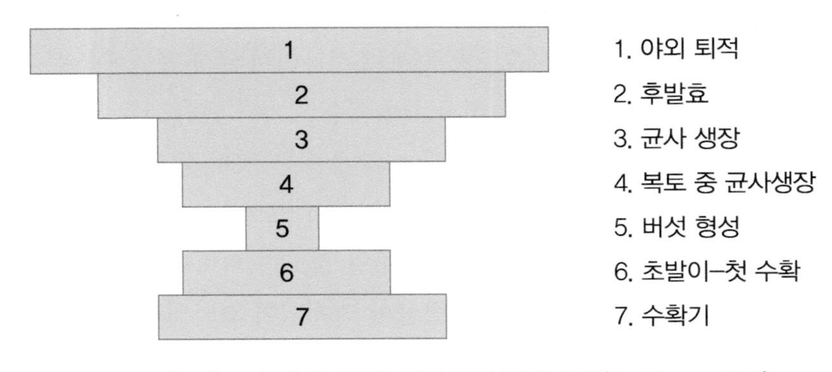

〈그림 7-3〉 재배 과정 중 환경요인의 허용 범위(Tschierpe, 1974)

앞 그림에서 보는 바와 같이 전 재배 과정 중에서 버섯 형성 기간이 환경조건에 가장 예민하므로 잘못 관리하면 버섯 재배에 실패하기 쉽다.

다. 수확 기간 중의 관리

신령버섯은 양송이와 달리 재배사의 온도를 낮추지 않고 적당한 관수와 충분한 환기를 하면 10~15일 후 균상에서 버섯이 자라 올라온다. 이때부터 수확기로 접어든다.

1주기 때 발생한 버섯은 생장 속도가 늦지만 품질은 대단히 좋다. 품질이 양호한 버섯을 다수확하려면 버섯의 품질이 저하되지 않는 범위 내에서 생장을 촉진시킬 필요가 있다. 재배사의 온도를 25~28℃로 약간 높게 유지하는 것이 좋다.

〈그림 7-4〉 신령버섯 발생 광경

균상의 관수는 자실체가 아주 어릴 때는 적게 하고 버섯이 커가면서 점차 증가시켜야 한다. 버섯이 어릴 때는 수분흡수량이 적으므로 관수가 과다하면 질식하기 쉬우나, 버섯이 더 자라면 관수량을 크게 증가시켜도 과습 피해는 비교적 적다.

1주기 때는 퇴비와 복토층에 충분한 수분이 존재하므로 버섯의 수분 공급에 지장이 없으나 이때 관수가 적어서 퇴비와 복토 중의 수분이 과도히 탈취되면 그 영향이 2~3주기 때 나타난다. 따라서 1주기 때부터 충분한 관수가 있어야 한다. 일반적으로 관수량은 상면의 버섯 발생량과 균사 활착량과 비례한다. 그러나 관수량이 너무 많아서 퇴비의 수분 함량이 증가하면 선충 등의 활동으로 퇴비가 부패하기 쉬우니 관수 과다는 경계하여야 한다. 특히 발생 주기 초기 즉 버섯이 복토 표면에 보일 때는 물을 많이 주어서는 안 된다.

관수 작업이 끝나면 재배사는 반드시 환기를 해야 한다. 버섯이 자랄 때는 신선한 공기가 필요하다. 재배사 내에는 퇴비의 분해와 균의 호흡으로 인해 다량의 탄산가스가 집적된다. 탄산가스의 집적은 실내 온도가 높고 상면에 버섯이 많을수록 심하다. 버섯의 발생량이 많은 1~3주기 때는 1시간당 2~3회 정도 환기를 해야 한다. 환기는 일정한 간격을 두고 하는 것이 좋으나 실내에 강한 바람이 들어오지 않아야 한다. 환기를 오래 하면 실내가 건조해지므로 실내 습도를 감안하고 실시하여 급격한 온도 변화를 막으면서 버섯 발생이 균일하도록 해야 한다.

수확 기간이 경과하면서 병해충의 피해가 점차 증가하는데 이와 같은 현상은 퇴비와 복토층 균사의 활력 감퇴와 복토층의 버섯 뿌리 증가에 의해 일어난다. 주기가 지날수록 균상 정리를 철저히 이행하고 각종 예방 약제를 정기적으로 살포하여야 하며, 후토용 흙은 반드시 소독해 사용하여야 한다.

04 맺음말

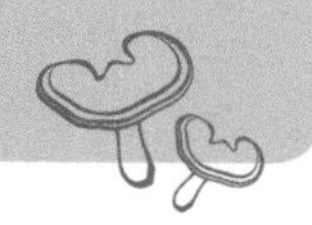

신령버섯의 영양성분을 살펴보면 생버섯의 경우 수분 89~91%, 조단백질 5.8, 조지방 0.5, 조섬유 0.8, 당질 5.6, 에르고스테롤 0.02%가 함유되어있어 식품으로도 좋은 영양분을 가지고 있다. 기타 비타민 B1, B2와 불포화지방산, 각종 미네랄도 가지고 있다. 기능적인 면에서도 신령버섯은 지금까지 연구된 버섯 중에서 가장 항암성이 높은 버섯으로 알려져 있다. 미국의 펜실베이니아 주립대학에서 연구하여 제암작용 등의 약효가 있음을 발표하였고, 한때 레이건 전 미국 대통령이 복용했다는 사실이 알려지면서 많은 관심을 끌기도 한 버섯이다. 현재 항암작용과 더불어 면역강화 식품으로 에이즈 치료에도 이용되고 있다. 일본에서도 내장질환, 알레르기, 암 등에 여러 가지 약리효과가 있다고 인정하고 있다.

이처럼 신령버섯은 식용과 약용버섯의 효과를 동시에 볼 수 있고 재배 방법 또한 기존 양송이와 크게 다르지 않아 양송이 농가에서는 별다른 투자 없이 바로 재배할 수 있는 유리한 작목이다. 유통과 마케팅 능력을 겸비하면 신선판매 및 건조판매도 가능하며 가공품 조제에도 유리하다. 다양한 가공 제품을 개발하고 소비자의 관심을 높여 신령버섯 재배 농가의 소득이 증대하기를 기대한다.

신령버섯 재배 팁 / 이것만은 꼭!

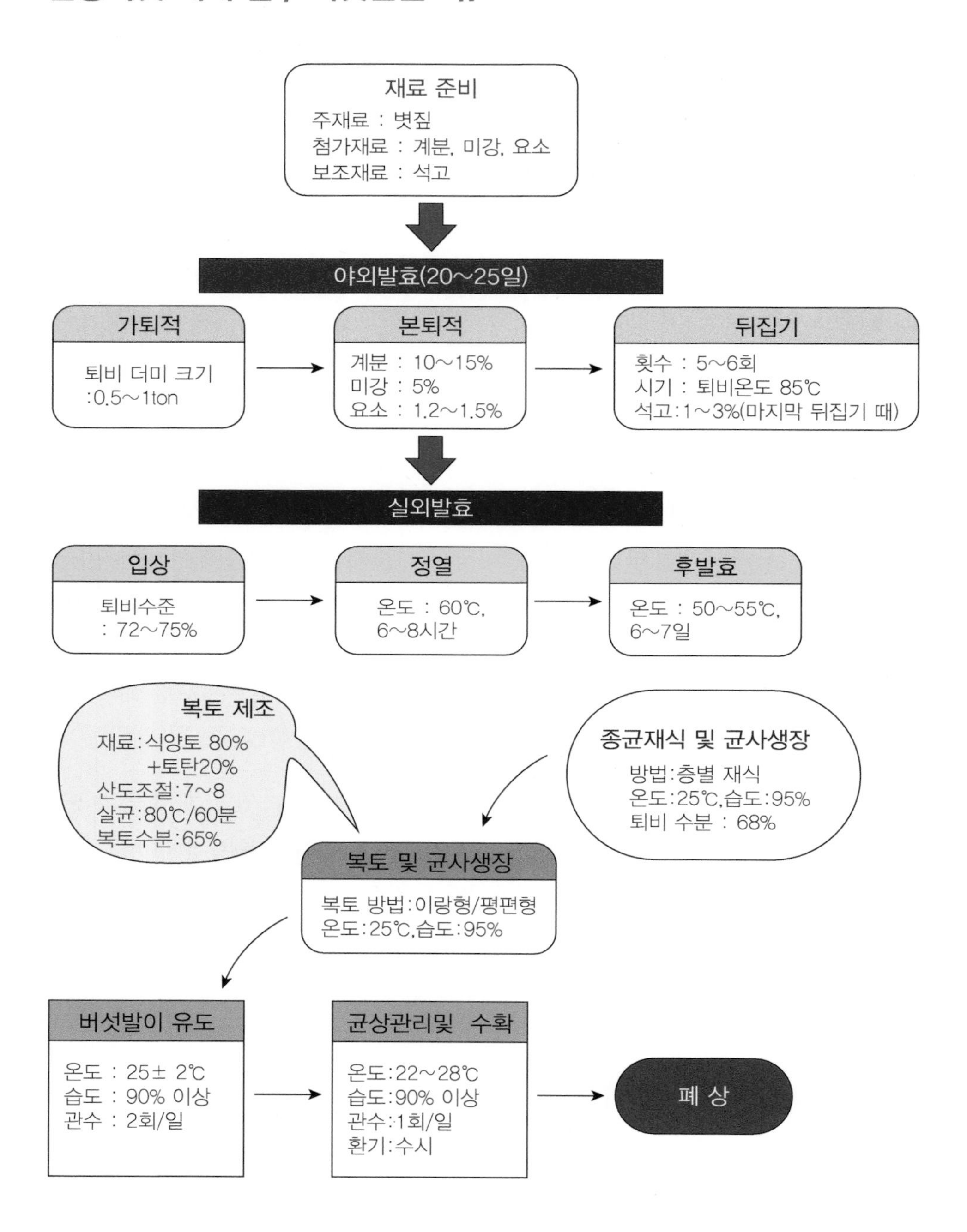

약용버섯

노루궁뎅이버섯

1. 버섯의 일반 특성
2. 재배 기술
3. 수확 및 포장

01 버섯의 일반 특성

분류학적 특성

노루궁뎅이버섯은 분류학상 민주름버섯목(*Aphyllophorales*) 턱수염버섯과(*Hydnaecae*), 산호침버섯속(*Hericium*)에 속하며, 산호침버섯속에는 산호침버섯(*Hericium alpestre*), 노루머리버섯(*Hericium caputmeduscae*), 노루궁뎅이버섯(*Hericium erinaceum*), 산호침버섯아제비(*Hericium laciniatum*) 등이 있다.

*Hericium*속 버섯은 맛있는 식용버섯으로 알려져 있으며 특히 *H. erinaus*와 *H. coralloides*는 향기가 있어 매력적이다. *H. abietis*는 침엽수에 기생하며 재배하기에 까다로운 종이다. *H. erinaceus*는 게(lobster)를 요리할 때 나는 향이 있으며, 일반명으로 Lion's main(사자의 머리털), Monkey's head(원숭이 머리), Bear's head(곰의 머리), Old man's beard(노인의 턱수염), Hedgehog mushroom(고슴도치 버섯), Satyr's beard(半人半獸인 숲신의 수염), Pom pom(자동기관총), 야마부시다케(일본어로 산 성자의 버섯) 등으로 불린다. 노루궁뎅이버섯의 학명은 이전에는 *H. erinaceum*(Fr.) Pess.로 잘못 알려져 있었으며 *H. coralloides*와 *H. abietis*는 유사종이지만 *H. erinaceus*와는 자실체 수염의 갈래에서 차이점이 나타난다(Stamets, 1993). Chen(1992)의 보고에 의하면 궤양, 염증, 암종양에 효과가 있고, Ying(1987)에 의하면 위와 식도의 악성 종양 치료에 탁월한 효과가 있다. 또한 식용버섯으로 게와 가지의 향이 있어 마늘, 양파, 아몬드를 넣고 약간 튀겨서 버터를 발라 먹으면 맛과 향이 아주 좋다.

노루궁뎅이버섯은 가을철에 삼림이 우거진 깊은 계곡의 참나무, 호두나무, 너도

밤나무, 단풍나무, 버드나무 등 활엽수의 수간부 또는 고사목에 발생하는 목재 부후균이다. 우리나라와 일본, 중국, 동남아시아 일대와 유럽, 북아메리카 등 일부 열대와 한대를 제외한 지역에 고루 분포한다. 균사체와 자실체의 생장 온도는 18~24℃ 정도이며 자실체 형성 온도는 10~16℃ 정도이다. 따라서 우리나라 가을 기후가 적당하다.

자실체의 형태적 특징은 갓을 형성하지 않고 5~25cm 정도로 자라며 처음에는 계란형~반구형으로 성장하고 생육 후기에 수많은 흰 바늘 모양의 돌기(菌針)가 1~5cm 길이로 땅굽성(向地性)으로 자란다. 자실체가 어릴 때는 흰색이지만 커가면서 황색 또는 황갈색으로 변한다. 대는 짧고 육질은 스폰지처럼 부드럽다. 포자의 크기는 5×6㎛이며 구형(球形)이고 평활하며 쓴맛이 있다.

다 자란 노루궁뎅이버섯의 균침에서 생산된 담포자는 적합한 조건하에서 발아하여 단핵균사가 된다. 이 단핵균사는 성장 과정에서 성(性)이 다른 1핵균사와 결합하여 2핵균사를 이룬다. 2핵균사가 다른 2핵균사들과 서로 결합하여 균사체를 이루고, 균사체가 성장발육하여 자실체를 형성한다. 이 자실체가 성숙하면 다시 담포자를 생산한다. 담포자의 크기는 5.5~7.5×5~6.5㎛, 모양은 유구형(類球形)으로 무색이며 균사는 처음에는 흰색이나 점차 노란색~핑크색으로 된다.

효능과 전망

국내 벤처기업이 노루궁뎅이버섯에서 추출한 물질인 HECCN은 치매 예방과 중추신경장애에 약리기능이 밝혀져 FDA(미국식품의약국) 승인 연구소인 안레스코연구소에 신물질 등록이 됐다. 또한 노루궁뎅이버섯은 면역증강, 항암, 항종양, 항바이러스, 소화 촉진, 혈액 응고 방지, 신경쇠약, 소화기 궤양 등에도 효과가 있는 것으로 알려져 앞으로의 수요 증가에 따른 재배 전망이 밝다.

배양 생리적 특성

노루궁뎅이버섯균은 중온성 균으로 균사(菌絲, 팡이실)는 6~30℃ 범위에서 생장이 가능하나 가장 적합한 온도는 22~25℃이다. 온도가 6℃ 이하나 35℃ 이상이 되면 균사 생장이 정지된다.

균사 생장은 균주에 따라 차이가 많으며, PDA, MCM, Hamada 배지 등에서 잘 자란다. 균사 배양 때 부재료 첨가량은 미강은 20%, 밀기울은 30% 정도 혼합하는 것이 좋다. 버섯 발생 온도 범위는 12~24℃이고, 최적온도는 15~22℃이다. pH 2.5~5.5 범위의 낮은 산도에서도 균사 생장이 가능하며, 산도 4.0에서 가장 잘 자란다. 톱밥배지에서 균사 생장에 알맞은 수분 함량은 68~75%이다. 버섯 발생에 알맞은 상대습도는 95% 내외, 버섯 생육 시의 습도는 75%가 적당하다. 균사 배양 기간 중 적합한 이산화탄소(CO_2)함량은 5,000~40,000ppm, 자실체 발이 유기 시에는 500~700ppm, 자실체 발육 시에는 500~1,000ppm이다.

〈표 8-1〉 Hamada 배지에서의 배양온도별 균사 생장 정도

품 종	균사생장(mm/15일)			
	17℃	20℃	23℃	26℃
노루2호	6.2	7.6	8.5	7.2
노루1호	6.4	7.1	8.5	7.0

〈표 8-2〉 배지종류별 균사 생장 길이 (단위: cm)

품종	PDA	MCM	Hamada
노루2호	7.2	8.0	6.9
노루1호	7.0	7.6	7.0

※ 배양 기간 : 15일, Ø 85mm 샬레에서 26℃ 배양

〈표 8-3〉 배지 산도에 따른 균사 생장량

pH	4	5	6	7
균사체 건조 무게 (㎎/15일)	179	179	152	112

02 재배 기술

병재배 배지 제조

노루궁뎅이버섯 재배에 사용되는 배지 재료는 참나무와 밤나무 등의 활엽수 톱밥이며, 첨가 재료는 미강과 밀기울이 사용된다.
그리고 보조 재료는 탄산칼슘과 마그네슘을 각각 0.1%와 0.2% 사용한다. 이들은 배지의 물성을 개선하고 균사 생장에 도움을 준다.

일반적으로 배지 제조 시 활엽수 톱밥(참나무 톱밥)에 영양원(營養原)인 미강을 부피의 비율로 전체량의 20%가 되도록 첨가(添加)하여 잘 혼합한 후 배지의 수분을 65~70%가 되도록 조절한다.

〈표 8-4〉 배지 재료별 수량 비교

주재료	부재료(영양원)	수량 (g/1,100cc병)
참나무톱밥 100%	미강(100)	96.9
참나무톱밥 100%	미강(50)+밀기울(50)	92.2
참나무톱밥 100%	미강(50)+밀기울(30)+비트(20)	115.3
참나무톱밥 80%+콘코브20	미강(100)	89.1
참나무톱밥 80%+콘코브20	미강(50)+밀기울(50)	78.1
참나무톱밥 80%+콘코브20	미강(50)+밀기울(30)+비트(20)	98.8

※부재료 : 주재료의 20%(V/V)

노루궁뎅이버섯은 원목재배, 병재배, 봉지재배가 모두 가능하나 병재배를 하는 것이 재배 기간이 짧고 자금 회수가 빨라서 유리하며, 수량은 병재배보다 봉지재배가 많다. 재배에 적합한 수종은 참나무, 밤나무, 버드나무 등 활엽수이며 자작나무, 오리나무 등은 적합하지 않다.

배지의 주재료인 활엽수 톱밥(참나무 톱밥)에 영양원인 미강과 밀기울, 비트를 부피 비율로 전체량의 30%가 되도록 첨가한 다음 잘 혼합하고 수분을 63~67%가 되도록 조절한다.

부피 800㎖의 광구병(입구가 넓은 병)에 준비된 배지를 집어넣고 다진 후 막대기로 구멍을 뚫는다. 이 작업은 사람이 직접 하거나 자동입병기를 이용한다. 800㎖ 광구병의 경우 병 무게를 포함하여 540~550g이 되도록 배지를 입병하고 병마개 주위를 잘 닦은 후 마개를 막고 살균을 한다. 살균 방법은 팽이버섯 병재배법에 준한다.

〈표 8-5〉 배지 재료 혼합비율별 종균(種菌, 씨균) 배양 기간

주재료	부재료(영양원%)	종균배양기간(일)
참나무톱밥	15	15
	20	16
	25	17
	30	18
참나무톱밥+포플러톱밥	15	15
	20	16
	25	17
	30	18

혼합배지 재료별 수량은 생육실 온도 15℃에서 주재료 참나무 톱밥 70%와 부재료 30%(미강:밀기울:비트 5:3:2) 혼합 시 참나무 톱밥 80%와 미강 20% 혼합보다 증수된다.

〈표 8-6〉 배지 재료 혼합 비율 및 생육온도별 수량

주 재 료	부재료 (영양원%)	수량(g/1,100cc)		
		15℃	18℃	21℃
참나무톱밥	15	93.8	78.6	71.9
	20	140.6	112.2	104.3
	25	146.9	116.9	108.8
	30	150.0	126.8	109.5
참나무톱밥 +포플러톱밥	15	115.6	86.6	76.6
	20	130.3	92.8	90.8
	25	131.3	104.5	95.3
	30	125.0	116.4	91.4

배지의 산도 변화는 살균 후, 배양 후, 수확 후를 기준으로 할 때 재배 기간이 경과할수록 낮아지는 경향을 보였고, 비료농도(EC)는 영양원 혼합 비율이 많아질수록 높았으며 시기별로는 배양 후가 가장 높았다.

〈표 8-7〉 노루궁뎅이버섯 재배 전후의 배지 성분 변화(pH, EC)

주 재 료	영양원 첨가비율	pH(1:5)			EC(dS/m)		
		살균후	배양후	수확후	살균후	배양후	수확후
참나무톱밥	15	5.46	4.74	4.25	1.61	2.08	1.95
	20	5.52	4.87	4.52	1.74	2.46	2.31
	25	5.51	4.99	4.64	1.91	2.92	2.40
	30	5.55	5.12	4.73	2.23	3.32	2.72
참나무톱밥 +버드나무	15	5.49	4.73	4.25	1.69	2.35	1.93
	20	5.61	4.83	4.32	2.02	2.75	2.34
	25	5.61	4.97	4.38	2.11	3.08	2.61
	30	5.59	5.15	4.63	2.53	3.31	3.05

배지의 성분 중 인산(P_2O_5)은 살균 후, 배양 후, 수확 후의 변화가 많지 않았으며, 칼리(K_2O)는 배지의 주재료에 영양원 첨가 비율이 많을수록 높아지는 경향을 보였고, 살균 후보다 배양 후가 높았으며, 수확 후에는 낮아지는 경향을 보였다.

배지의 총질소(T-N)는 영양원 첨가 비율이 많을수록 높아졌고, 배양 후에 약간 높았으며 적정 총질소는 1.0~1.1% 범위였다. 탄소와 질소 비율(C/N비)은 영양원 혼합 비율이 많을수록 낮아지는 경향을 보였다.

〈표 8-8〉 재배 전후의 배지 성분 변화(T-N, T-C, C/N)

주 재 료	영양원 첨가비율	T-N		T-C		C/N	
		살균후	수확후	살균후	수확후	살균후	수확후
참나무톱밥	15	0.73	0.75	76.7	93.3	105	124
	20	0.87	0.93	90.0	93.3	103	100
	25	0.92	0.97	93.3	80.0	101	82
	30	1.07	1.08	96.7	91.3	93	85
참나무톱밥 +버드나무	15	0.78	0.66	96.7	86.6	124	131
	20	0.93	0.85	96.7	83.3	104	98
	25	1.07	1.00	96.7	83.3	90	83
	30	1.21	1.08	93.3	80.0	77	74

※ 적정 T-N 범위 : 1.0~1.1%

병재배 입병 및 살균

배지 입병 양은 800㎖ 병인 경우 병 무게를 포함하여 540~550g이 되게 하며 1,100 ㎖ 병은 750~800g이 되게 한 후 병마개 주위를 잘 닦고 마개를 막은 후 살균을 한다. 살균은 다른 버섯의 병재배법에 준한다.

살균은 배지 내 유해 미생물을 죽이고 배지를 부드럽게 하여 버섯균이 잘 자랄 수 있도록 하는 것이 목적이며 고압살균법과 상압살균법이 있다.

봉지재배 배지

봉지재배는 참나무 톱밥 80%와 미강 20%를 섞은 배지 2kg을 높은 온도에서도 녹지 않는 직경 20cm의 비닐봉지에 충전하여 재배하며 2~3주기까지 수확이 가능하다.

봉지재배 시 배지 내 수분은 60%에서 생육이 가장 좋고, 뚜껑을 제거하지 않고 솜만 제거한 것이 수량이 많다.

〈표 8-9〉 배지 내 수분함량별 생육 특성

배지 수분 (%)	배지 높이 (충전 후, cm)	배양 기간 (일)	개체중(g)		
			A	B	C
55	11.5	24	109.3	62.3	59.7
60	10.5	24	122.3	96.8	70.3
65	9.5	26	90.5	47.0	49.5
70	7.0	27	58.3	45.3	27.6
75	6.0	28	52.0	33.3	22.9

※ A :봉지재배 뚜껑 미제거(솜만 제거), B : 뚜껑만 제거, C: 뚜껑과 비닐 제거

A

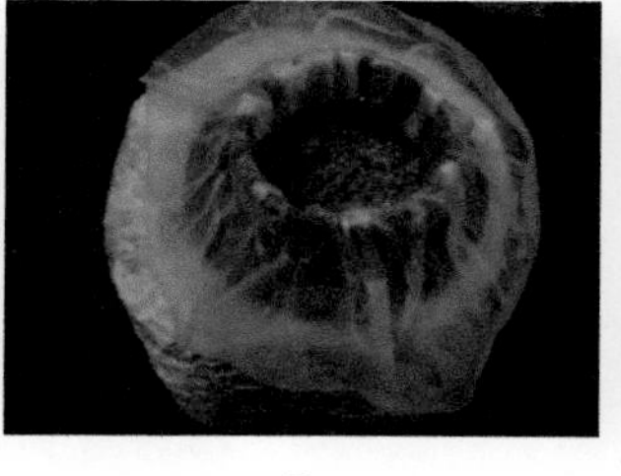
B

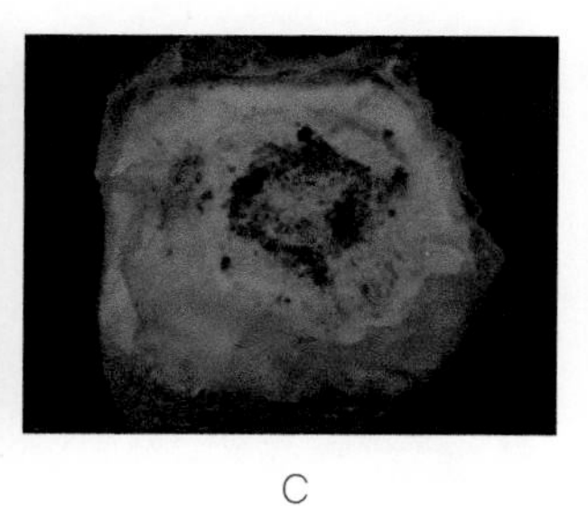
C

〈그림 8-1〉 봉지재배 방법

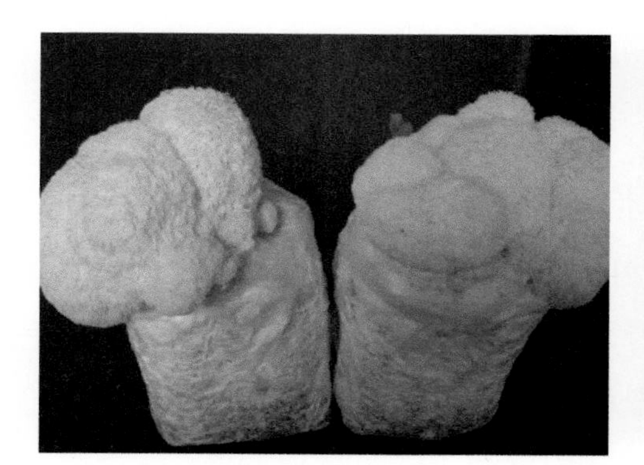

〈그림 8-2〉 봉지재배 생육

단목 재배

직경 15cm 정도의 참나무, 버드나무를 길이 20cm로 절단하여 지름 20cm의 내열성 필름봉지에 넣고 스크루 마개로 밀봉한 후 살균솥에서 100℃ 도달 후 500분간 살균한다. 단목의 온도가 20℃로 낮아졌을 때 톱밥종균은 50g, 곡립종균은 30g, 액체종균은 50㎖를 각각 접종한다. 접종이 완료된 단목은 실내온도 20℃, 습도 65%로 조절된 배양실에서 90일간 배양한 후 봉지를 제거하여 단목균상재배는 판넬재배사에 치상하고 실내 온도는 15℃, 습도는 95% 이상 유지한다. 발이 후에는 실내온도 18℃, 실내 습도 80±5%, 환기량은 이산화탄소 농도 1,500ppm 내외로 유지되도록 자동조절 장치를 이용하여 관리한다.

참나무 재배

버드나무 재배

〈그림 8-3〉 단목 종류별 재배

접종 및 균사 배양

접종실은 무균 상태를 유지하기 위해 기본적인 시설을 갖추어야 한다. 거름망(필터)을 통하여 정화된 공기를 유입하고, 자외선 등(燈)을 설치하며 실내의 온도는 저온으로 유지한다. 접종원은 균사의 활력이 좋은 것을 골라서 접종한다.

배양실은 접종된 종균이 배지 내에서 잘 자랄 수 있도록 온도, 습도, 환기 등을 적정수준으로 유지할 수 있는 시설을 갖추어야 한다. 완벽한 무균 상태보다 버섯균이 잘 자랄 수 있는 상태를 유지하는 것이 중요하다. 배양실 내 온도는 20~23℃로 유지하고 실내 습도는 65% 정도에서 15~18일간 균사를 생장시킨다.
이때 잡균 또는 해충이 발생하면 수시로 선별하여 폐기한다. 또 균배양 시 배양실의 온도가 고온, 건조하지 않도록 유의하여야 한다.

발이유기 및 생육 관리

균사 배양이 완료된 균 배양체는 잡균 유무를 점검하여 생육실로 옮기거나 원래 자리에 둔 채 온·습도 등 환경조건을 조절하여 버섯을 발생시킨다. 이때 용기 내의 균사가 완전히 자란 것만을 골라서 발생시키는데 균 긁기를 하지 않으면 발이가 빠르나 균일하게 자라기가 어렵다. 노후 균을 긁은 후 광구병을 뒤집어서 균상에 올리고 습도 95% 이상, 온도 18~22℃를 유지하면 4~5일 후에 원기가 발생한다. 원기 형성 후 6일 정도 지나면 자실체가 형성된다. 버섯 발생 초기에는 백색을 띠나 완전히 성숙하면 유백색이 된다. 어린 자실체가 발생한 후 6~8일이 지나면 수확이 가능하게 된다. 버섯 생육 기간의 환경조건과 버섯 발이유기 때의 온도, 습도 그리고 광조건 등은 거의 같다. 그러나 재배사 내의 습도는 85~90% 범위로 유지하면서 환기량을 증가시켜 주어야 한다. 버섯 자실체의 형태 및 색깔은 생장기의 환경조건에 따라서 달라진다. 즉, 재배사의 온도가 18~22℃보다 낮으면 바늘(침)이 짧고 굵어지며 포자 형성이 적고 쓴맛이 적어진다. 그러나 환기량이 적고 탄산가스 함량이 높으며 적온보다 온도가 높아지면 바늘(침)이 길어지고 자실체가 적어진다. 발생 및 생장 관리를 잘못하면 버섯이 기형으로 변하여 수량과 상품가치에 큰 영향을 미치게 된다.

〈그림 8-4〉 노루궁뎅이버섯 병재배

자실체가 생육해 수확 단계가 되면 자실체의 접착 부분이 연약해지고 침 모양의 돌기가 굵고 길어지며 부분적으로는 갈색으로 변하여 부패한다. 따라서 수확 직전에는 습도를 낮추어 주어야 하며 포자가 비산되는 초기에 수확하는 것이 좋다.

배양이 완료되면 균 긁기를 한 후 생육실로 옮겨 실내 습도를 90~95% 이상으로 하고, 온도는 19~20℃로 맞춘 다음 하루 정도 환기를 시키지 않은 상태로 유지하고, 이튿날부터 온도는 15~18℃로 유지하면 4~5일 후에 발이가 완료된다.

〈표 8-10〉 발이유기 시 관리

구분	최고	최저
온도(℃)	22	15
습도(%)	98	90
이산화탄소(ppm)	1,500	1,000

발이가 완료되면 실내 습도를 85~90% 정도로 하고 온도는 15~18℃로 하며, 균 긁기를 한 뒤 12일이 지나면 습도를 70~75% 정도로 낮추어 준다. 25℃ 이상에서는 자실체가 더디게 자라거나 거의 자라지 않고 12℃ 이하에서는 자실체의 발이가 유기되지 않는다. 자실체 형성온도는 12~24℃이나 15~22℃에서 자실체가 가장 잘 형성된다.

생육 시 습도를 75% 이하로 관리하면 생육 기간은 다소 길어지나 육질이 단단한 형태로 자라고 침 모양의 돌기는 짧아지며, 습도가 85% 이상으로 약간 높을 때는 생육은 빠르나 자실체에 수분이 많아진다. 공기 상대습도가 60% 이하가 되면 자실체는 말라서 누렇게 된다. 그리고 온도가 높으면 자실체의 균침이 길어지고 흰색 육질인 자실체가 작아지며, 반대로 온도가 낮으면 균침이 짧아지고 자실체가 커진다.

버섯 발생 초기에는 흰색을 띠나 생육이 완료되면 유백색으로 변한다. 노루궁뎅이버섯은 자실체가 차츰 생육되어 수확 시기가 되면 균침이 굵고 길어지면서 부분적으로 갈변하고 습도가 높으면 부패한다. 따라서 수확 적기는 포자가 비산되는 초기이며 수확 직전에는 가습을 하지 않는다.

〈표 8-11〉 생육기 관리

구분	최고	최저
온도(℃)	21	15
습도(%)	85	70
이산화탄소(ppm)	1,500	800

이산화탄소 농도는 노루궁뎅이버섯 발이유기 시에는 1,500~1,000ppm, 자실체 생육 시에는 1,500~800ppm으로 조절하여 재배하는 것이 좋다. 노루궁뎅이버섯은 약산성 영역인 산도 5.5 범위에서 잘 자란다. 산성 환경에서는 목질부 심재에 있는 섬유소, 리그닌 등의 영양소를 충분히 분해하여 흡수할 수 있다.

산도가 7 이상이거나 4 이하가 되면 균사 생장이 불량하고 자실체의 균침이 불규칙해지며 산도가 9 이상이거나 2 이하가 되면 균사 생장이 완전히 정지된다. 수분은 노루궁뎅이버섯균의 생장에 필요한 조건 가운데 하나로 모든 생리활동, 영양 흡수와 영양물질 수송은 일정한 수분이 있어야 가능하다. 노루궁뎅이버섯균이 분비하는 효소는 수분이 있는 조건 하에서만 각종 유기물질을 분해한다.

배지 내의 수분이 너무 많으면 공기 유통이 불량하고 세포원형질이 희석되어 균사의 저항력이 떨어진다. 균사가 생장하는 데 적합한 톱밥배지의 수분 함량은 68~75%이다. 함수량이 75%가 넘으면 균사 생장이 느리고 황색 물이 분비되고, 배양 기간이 지연되며 배양이 완료되기 전에 자실체가 발생하게 된다. 그리고 60% 이하가 되면 균사 밀도가 약하고 균사 생육도 불량해진다.

균긁기 후 뒤집어놓기

흰 균사 솜털 모양

병 정립 1일 전

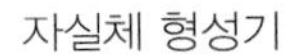
자실체 형성기 / 자실체 완성기 / 수확기(균긁기 후 15일)

〈그림 8-5〉 병재배 생육 과정

버섯 생육 진단 요령

노루궁뎅이버섯은 영양생장기와 생식생장기의 생육 환경조건에 큰 차이는 없다. 버섯 발생 시 최적온도는 18~20℃이며 25℃ 이상에서는 자실체가 늦게 자라고, 14℃ 이하의 낮은 온도에서는 원기 형성이 되지 않거나 자실체가 발생되어도 생육이 저조하다. 온도가 높으면 자실체의 균침이 길어지고 백색 육질인 자실체가 작아지며, 반대로 온도가 낮으면 균침이 짧아지고 자실체가 커진다.
버섯 생육 기간 중 습도가 60% 이하로 낮게 되면 자실체는 점차 건조되어 축소될 뿐만 아니라 엷은 갈색으로 변하게 된다. 버섯 재배 시 발생하는 대표적인 기형 자실체의 유형과 예방 대책을 보면 다음과 같다.

가. 산호처럼 총총히 모이는 형태

자실체가 생육 중 기부에서 분지(分枝)가 많이 되고 다시 2차적 분지가 이루어져서 산호 같은 형태가 발생된다. 이런 자실체는 거의 초기에 사멸되지만 일부는 계속 성장·발육하여 가는 분지 끝이 커지면서 수많은 작은 자실체를 형성한다. 이와 같은 현상을 예방하려면 버섯의 발생이나 생육 시 재배사 내 탄산가스 농도를 0.1% 이하로 낮추어 관리한다. 이보다 탄산가스의 농도가 높으면 균사를 자극하여 계속 분지하게 되고 자실체 발육이 억제된다.

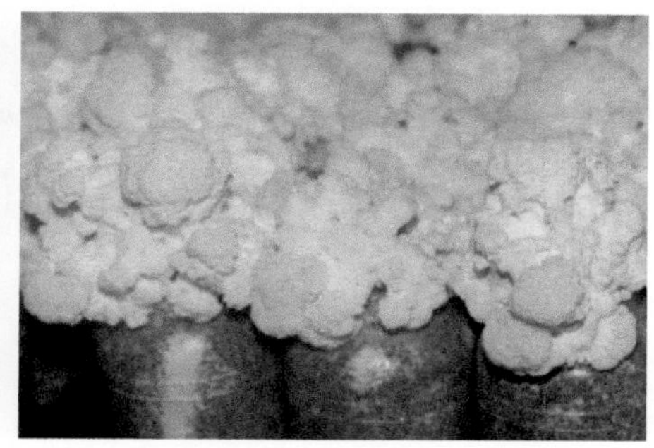

〈그림 8-6〉 노루궁뎅이버섯 자실체

나. 바늘(침)이 없고 광택만 나는 버섯

바늘이 형성되지 않고 광택만 나면서 찐빵처럼 뭉쳐 있고 버섯 고유의 형태가 형성되지 않아 상품 가치가 없는 노루궁뎅이버섯이 발생하는 경우가 있다. 이와 같은 기형 버섯은 버섯 재배사 온도가 높거나 균사 및 공기 중에 수분이 부족한 경우에 볼 수 있다. 환기 시 바람이 자실체에 직접 닿지 않도록 하고, 실내 공기의 과도한 수분 증발을 막아 건조를 방지하여야 한다.

다. 자실체 색깔이 분홍 또는 황색을 띠는 증상

자실체의 색깔에 이상이 오는 원인은 버섯 생육 때 온·습도가 너무 낮은 경우이다. 온도가 14℃ 이하가 되면 자실체는 분홍색을 띠기 시작하며 온도가 더욱 내려가면 색이 진하게 된다. 또한 재배사 내의 빛이 1,000Lux 이상이 돼도 이러한 증상이 나타나게 되므로 주의하여야 한다.

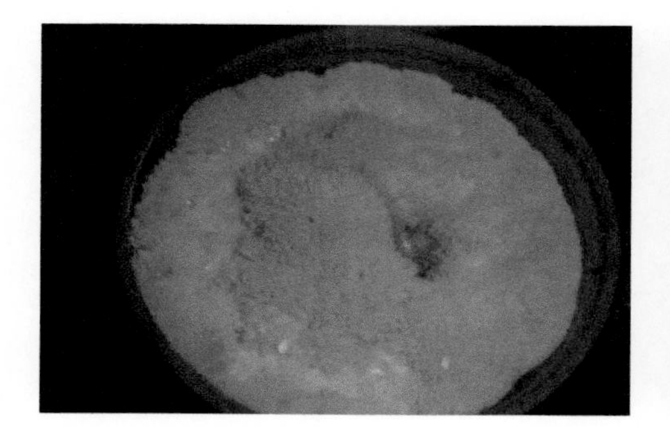

〈그림 8-7〉 자실체 분홍색 증상

03 수확 및 포장

발이 후 버섯 생장 기간은 대체적으로 6~8일이 소요된다. 버섯의 자실체 색깔은 생육 초기에는 엷은 분홍색이었다가 생장함에 따라 유백색을 띠며 기간이 경과하면 엷은 황색으로 변한다. 수확 최적 시기는 자실체의 색깔이 유백색일 때이다. 또한 수확 시기가 늦게 되면 버섯에서 쓴맛이 나게 되므로 적기에 거두어들이는 게 좋다. 노루궁뎅이버섯은 자실체가 차츰 생육되어 수확 단계가 지나게 되면 자실체의 접착 부분이 연약해지고 침 모양의 돌기가 굵고 길어지며 부분적으로 갈변하면서 부패하게 된다. 그러므로 버섯에서 포자가 비산하는 초기에 수확하는 것이 바람직하며 수확 직전에는 생육실 내 상대습도를 줄이는 것이 좋다.

봉지재배 시에는 수확한 다음 관수를 하지 않고 5~7일이 지나면 2차 발생이 된다. 수확은 2~3차례 가능하며 수량성은 1.5~2.0kg 크기의 포트일 경우 300~400g 정도이다. 버섯 1개의 개체중은 보통 30~60g 정도이다. 수확된 버섯은 생버섯으로 또는 건조시켜서 비닐봉지에 200~300g씩 소포장한다. 열풍 건조 시 갑자기 높은 온도로 말리면 자실체 색깔이 갈색으로 변하면서 작아지는 경향이 있으므로 35℃부터 서서히 온도를 높여가면서 최종 건조온도를 50~55℃ 범위에서 유지하여야 한다.
생버섯 1kg의 건조 후 무게는 약 100~130g 정도이다.

〈그림 8-8〉 노루궁뎅이버섯 포장 판매

부록 알기쉬운 농업용어

ㄱ

가건(架乾)	걸어 말림
가경지(可耕地)	농사지을 수 있는 땅
가리(加里)	칼리
가사(假死)	기절
가식(假植)	임시 심기
가열육(加熱肉)	익힘 고기
가온(加溫)	온도높임
가용성(可溶性)	녹는, 가용성
가자(茄子)	가지
가잠(家蠶)	집누에, 누에
가적(假積)	임시 쌓기
가토(家兎)	집토끼, 토끼
가피(痂皮)	딱지
가해(加害)	해를 입힘
각(脚)	다리
각대(脚帶)	다리띠, 각대
각반병(角斑病)	모무늬병, 각반병
각피(殼皮)	겉껍질
간(干)	절임
간극(間隙)	틈새
간단관수(間斷灌水)	물걸러대기
간벌(間伐)	솎아내어 베기
간색(稈色)	줄기색
간석지(干潟地)	개펄, 개땅
간식(間植)	사이심기
간이잠실(簡易蠶室)	간이누엣간
간인기(間引機)	솎음기계
간작(間作)	사이짓기
간장(稈長)	키, 줄기길이
간채류(幹菜類)	줄기채소
간척지(干拓地)	개막은 땅, 간척지
갈강병(褐疆病)	갈색굳음병
갈근(葛根)	칡뿌리
갈문병(褐紋病)	갈색무늬병
갈반병(褐斑病)	갈색점무늬병, 갈반병
갈색엽고병(褐色葉枯病)	갈색잎마름병
감과앵도(甘果櫻挑)	단앵두
감람(甘籃)	양배추
감미(甘味)	단맛
감별추(鑑別雛)	암수가린병아리, 가린병아리
감시(甘)	단감
감옥촉서(甘玉蜀黍)	단옥수수
감자(甘蔗)	사탕수수
감저(甘藷)	고구마
감주(甘酒)	단술, 감주
갑충(甲蟲)	딱정벌레
강두(豆)	동부
강력분(强力粉)	차진 밀가루, 강력분
강류(糠類)	등겨
강전정(强剪定)	된다듬질, 강전정
강제환우(制換羽)	강제 털갈이
강제휴면(制休眠)	움 재우기
개구기(開口器)	입벌리개
개구호흡(開口呼吸)	입 벌려 숨쉬기, 벌려 숨쉬기
개답(開畓)	논풀기, 논일구기
개식(改植)	다시 심기
개심형(開心形)	깔때기 모양, 속이 훤하게 드러남
개열서(開裂)	터진 감자
개엽기(開葉期)	잎필 때
개협(開莢)	꼬투리 튐
개화기(開花期)	꽃필 때
개화호르몬(開和hormome)	꽃피우기호르몬
객담(喀啖)	가래
객토(客土)	새흙넣기
객혈(喀血)	피를 토함
갱신전정(更新剪定)	노쇠한 나무를 젊은 상태로 재생장시키기 위한 전정
갱신지(更新枝)	바꾼 가지
거세창(去勢創)	불친 상처
거접(据接)	제자리접
건(腱)	힘줄
건가(乾架)	말림틀
건견(乾繭)	말린 고치, 고치말리기
건경(乾莖)	마른 줄기
건국(乾麴)	마른누룩
건답(乾畓)	마른 논
건마(乾麻)	마른삼
건못자리	마른 못자리
건물중(乾物重)	마른 무게
건사(乾飼)	마른 먹이
건시(乾)	곶감
건율(乾栗)	말린 밤
건조과일(乾燥과일)	말린 과실
건조기(乾燥機)	말림틀, 건조기
건조무(乾燥무)	무말랭이
건조비율(乾燥比率)	마름률, 말림률
건조화(乾燥花)	말린 꽃
건채(乾菜)	말린 나물
건초(乾草)	말린 풀
건초조제(乾草調製)	꼴(풀) 말리기, 마른 풀 만들기

건토효과(乾土效果)	마른 흙 효과, 흙말림 효과
검란기(檢卵機)	알 검사기
격년(隔年)	해거리
격년결과(隔年結果)	해거리 열림
격리재배(隔離栽培)	따로 가꾸기
격사(隔沙)	자리떼기
격왕판(隔王板)	왕벌막이
"격휴교호벌채법 (隔畦交互伐採法)"	이랑 건너 번갈아 베기
견(繭)	고치
견사(繭絲)	고치실(실크)
견중(繭重)	고치 무게
견질(繭質)	고치질
견치(犬齒)	송곳니
견흑수병(堅黑穗病)	속깜부기병
결과습성(結果習性)	열매 맺음성, 맺음성
결과절위(結果節位)	열림마디
결과지(結果枝)	열매가지
결구(結球)	알들이
결속(結束)	묶음, 다발, 가지묶기
결실(結實)	열매맺기, 열매맺이
결주(缺株)	빈포기
결핍(乏)	모자람
결협(結莢)	꼬투리맺음
경경(莖徑)	줄기굵기
경골(脛骨)	정강이뼈
경구감염(經口感染)	입감염
경구투약(經口投藥)	약 먹이기
경련(痙攣)	떨림, 경련
경립종(硬粒種)	굳음씨
경백미(硬白米)	멥쌀
경사지상전(傾斜地桑田)	비탈 뽕밭
경사휴재배(傾斜畦栽培)	비탈 이랑 가꾸기
경색(梗塞)	막힘, 경색
경산우(經産牛)	출산 소
경수(硬水)	센물
경수(莖數)	줄깃수
경식토(硬埴土)	점토함량이 60% 이하인 흙
경실종자(硬實種子)	굳은 씨앗
경심(耕深)	깊이 갈이
경엽(硬葉)	굳은 잎
경엽(莖葉)	줄기와 잎
경우(頸羽)	목털
경운(耕耘)	흙 갈이
경운심도(耕耘深度)	흙 갈이 깊이
경운조(耕耘爪)	갈이날
경육(頸肉)	목살
경작(硬作)	짓기
경작지(硬作地)	농사땅, 농경지
경장(莖長)	줄기길이
경정(莖頂)	줄기끝
경증(輕症)	가벼운증세, 경증
경태(莖太)	줄기굵기
경토(耕土)	갈이흙
경폭(耕幅)	갈이 너비
경피감염(經皮感染)	살갗 감염
경화(硬化)	굳히기, 굳어짐
경화병(硬化病)	굳음병
계(鷄)	닭
계관(鷄冠)	닭볏
계단전(階段田)	계단밭
계두(鷄痘)	닭마마
계류우사(繫留牛舍)	외양간
계목(繫牧)	매어기르기
계분(鷄糞)	닭똥
계사(鷄舍)	닭장
계상(鷄箱)	포갬 벌통
계속한천일수(繼續旱天日數)	계속 가뭄일수
계역(鷄疫)	닭돌림병
계우(鷄羽)	닭털
계육(鷄肉)	닭고기
고갈(枯渴)	마름
고랭지재배(高冷地栽培)	고랭지가꾸기
고미(苦味)	쓴맛
고사(枯死)	말라죽음
고삼(苦蔘)	너삼
고설온상(高設溫床)	높은 온상
고숙기(枯熟期)	고쉰 때
고온장일(高溫長日)	고온으로 오래 볕쬐기
고온저장(高溫貯藏)	높은 온도에서 저장
고접(高接)	높이 접붙임
고조제(枯凋劑)	말림약
고즙(苦汁)	간수
고취식압조(高取式壓條)	높이 떼기
고토(苦土)	마그네슘
고휴재배(高畦栽培)	높은 이랑 가꾸기(재배)
곡과(曲果)	굽은 과실
곡류(穀類)	곡식류
곡상충(穀象)	쌀바구미
곡아(穀蛾)	곡식나방
골간(骨幹)	뼈대, 골격, 골간
골격(骨格)	뼈대, 골간, 골격

골분(骨粉)	뼛가루
골연증(骨軟症)	뼈무름병, 골연증
공대(空袋)	빈 포대
공동경작(共同耕作)	어울려 짓기
공동과(空胴果)	속 빈 과실
공시충(供試)	시험벌레
공태(空胎)	새끼를 배지 않음
공한지(空閑地)	빈땅
공협(空莢)	빈꼬투리
과경(果徑)	열매의 지름
과경(果梗)	열매 꼭지
과고(果高)	열매 키
과목(果木)	과일나무
과방(果房)	과실송이
과번무(過繁茂)	웃자람
과산계(寡産鷄)	알적게 낳는 닭,적게 낳는 닭
과색(果色)	열매 빛깔
과석(過石)	과린산석회, 과석
과수(果穗)	열매송이
과수(顆數)	고치수
과숙(過熟)	농익음
과숙기(過熟期)	농익을 때
과숙잠(過熟蠶)	너무익은 누에
과실(果實)	열매
과심(果心)	열매 속
과아(果芽)	과실 눈
과엽충(瓜葉)	오이잎벌레
과육(果肉)	열매 살
과장(果長)	열매 길이
과중(果重)	열매 무게
과즙(果汁)	과일즙, 과즙
과채류(果菜類)	열매채소
과총(果叢)	열매송이, 열매송이 무리
과피(果皮)	열매 껍질
과형(果形)	열매 모양
관개수로(灌漑水路)	논물길
관개수심(灌漑水深)	댄 물깊이
관수(灌水)	물주기
관주(灌注)	포기별 물주기
관행시비(慣行施肥)	일반적인 거름 주기
광견병(狂犬病)	미친개병
광발아종자(光發芽種子)	볕밭이씨
광엽(廣葉)	넓은 잎
광엽잡초(廣葉雜草)	넓은 잎 잡초
광제잠종(製蠶種)	돌뱅이누에씨
광파재배(廣播栽培)	넓게 뿌려 가꾸기
괘대(掛袋)	봉지씌우기
괴경(塊莖)	덩이줄기
괴근(塊根)	덩이뿌리
괴상(塊狀)	덩이꼴
교각(橋角)	뿔 고치기
교맥(蕎麥)	메밀
교목(喬木)	큰키 나무
교목성(喬木性)	큰키 나무성
교미낭(交尾囊)	정받이 주머니
교상(咬傷)	물린 상처
교질골(膠質骨)	아교질 뼈
교호벌채(交互伐採)	번갈아 베기
교호작(交互作)	엇갈이 짓기
구강(口腔)	입안
구경(球莖)	알 줄기
구고(球高)	알 높이
구근(球根)	알 뿌리
구비(廏肥)	외양간 두엄
구서(驅鼠)	쥐잡기
구순(口脣)	입술
구제(驅除)	없애기
구주리(歐洲李)	유럽자두
구주율(歐洲栗)	유럽밤
구주종포도(歐洲種葡萄)	유럽포도
구중(球重)	알 무게
구충(驅蟲)	벌레 없애기, 기생충 잡기
구형아접(鉤形芽接)	갈고리눈접
국(麴)	누룩
군사(群飼)	무리 기르기
궁형정지(弓形整枝)	활꽃나무 다듬기
권취(卷取)	두루말이식
규반비(硅攀比)	규산 알루미늄 비율
균경(菌莖)	버섯 줄기, 버섯대
균류(菌類)	곰팡이류, 곰팡이붙이
균사(菌絲)	팡이실, 곰팡이실
균산(菌傘)	버섯갓
균상(菌床)	버섯판
균습(菌褶)	버섯살
균열(龜裂)	터짐
균파(均播)	고루뿌림
균핵(菌核)	균씨
균핵병(菌核病)	균씨병, 균핵병
균형시비(均衡施肥)	거름 갖춰주기
근경(根莖)	뿌리줄기
근계(根系)	뿌리 뻗음새
근교원예(近郊園藝)	변두리 원예

근군분포(根群分布)	뿌리 퍼짐
근단(根端)	뿌리끝
근두(根頭)	뿌리머리
근류균(根溜菌)	뿌리혹박테리아, 뿌리혹균
근모(根毛)	뿌리털
근부병(根腐病)	뿌리썩음병
근삽(根揷)	뿌리꽂이
근아충(根)	뿌리혹벌레
근압(根壓)	뿌리압력
근얼(根蘖)	뿌리벌기
근장(根長)	뿌리길이
근접(根接)	뿌리접
근채류(根菜類)	뿌리채소류
근형(根形)	뿌리모양
근활력(根活力)	뿌리힘
급사기(給飼器)	모이통, 먹이통
급상(給桑)	뽕주기
급상대(給桑臺)	채반받침틀
급상량(給桑量)	뽕주는 양
급수기(給水器)	물그릇, 급수기
급이(給飴)	먹이
급이기(給飴器)	먹이통
기공(氣孔)	숨구멍
기관(氣管)	숨통, 기관
기비(基肥)	밑거름
기잠(起蠶)	인누에
기지(忌地)	땅가림
기형견(畸形繭)	기형고치
기형수(畸形穗)	기형이삭
기호성(嗜好性)	즐기성, 기호성
기휴식(寄畦式)	모듬이랑식
길경(桔梗)	도라지

나맥(裸麥)	쌀보리
나백미(白米)	찹쌀
나종(種)	찰씨
나흑수병(裸黑穗病)	겉깜부기병
낙과(落果)	떨어진 열매, 열매 떨어짐
낙농(酪農)	젖소 치기, 젖소양치기
낙뢰(落)	떨어진 망울
낙수(落水)	물 떼기
낙엽(落葉)	진 잎, 낙엽
낙인(烙印)	불도장
낙화(落花)	진 꽃
낙화생(落花生)	땅콩
난각(卵殼)	알 껍질
난기운전(暖機運轉)	시동운전
난도(亂蹈)	날뜀
난중(卵重)	알무게
난형(卵形)	알모양
난황(卵黃)	노른자위
내건성(耐乾性)	마름견딜성
내구연한(耐久年限)	견디는 연수
내냉성(耐冷性)	찬기운 견딜성
내도복성(耐倒伏性)	쓰러짐 견딜성
내반경(內返耕)	안쪽 돌아갈이
내병성(耐病性)	병 견딜성
내비성(耐肥性)	거름 견딜성
내성(耐性)	견딜성
내염성(耐鹽性)	소금기 견딜성
내충성(耐性)	벌레 견딜성
내피(內皮)	속껍질
내피복(內被覆)	속덮기, 속덮개
내한(耐旱)	가뭄 견딤
내향지(內向枝)	안쪽 뻗은 가지
냉동육(冷凍肉)	얼린 고기
냉수관개(冷水灌漑)	찬물대기
냉수답(冷水畓)	찬물 논
냉수용출답(冷水湧出畓)	샘논
냉수유입답(冷水流入畓)	찬물받이 논
냉온(冷溫)	찬기
노	머위
노계(老鷄)	묵은 닭
노목(老木)	늙은 나무
노숙유충(老熟幼蟲)	늙은 애벌레, 다 자란 유충
노임(勞賃)	품삯
노지화초(露地花草)	한데 화초
노폐물(老廢物)	묵은 찌꺼기
노폐우(老廢牛)	늙은 소
노화(老化)	늙음
노화묘(老化苗)	쇤모
노후화답(老朽化畓)	해식은 논
녹변(綠便)	푸른 똥
녹비(綠肥)	풋거름
녹비작물(綠肥作物)	풋거름 작물
녹비시용(綠肥施用)	풋거름 주기
녹사료(綠飼料)	푸른 사료
녹음기(綠陰期)	푸른철, 숲 푸른철
녹지삽(綠枝揷)	풋가지꽂이
농번기(農繁期)	농사철

농병(膿病) 고름병
농약살포(農藥撒布) 농약 뿌림
농양(膿瘍) 고름집
농업노동(農業勞動) 농사품, 농업노동
농종(膿腫) 고름종기
농지조성(農地造成) 농지일구기
농축과즙(濃縮果汁) 진한 과즙
농포(膿泡) 고름집
농혈증(膿血症) 피고름증
농후사료(濃厚飼料) 기름진 먹이
뇌 봉오리
뇌수분(受粉) 봉오리 가루받이
누관(淚管) 눈물관
누낭(淚囊) 눈물 주머니
누수답(漏水畓) 시루논

ㄷ

다(茶) 차
다년생(多年生) 여러해살이
다년생초화(多年生草化) 여러해살이 꽃
다독아(茶毒蛾) 차나무독나방
다두사육(多頭飼育) 무리기르기
다모작(多毛作) 여러 번 짓기
다비재배(多肥栽培) 길게 가꾸기
다수확품종(多收穫品種) 소출 많은 품종
다육식물(多肉植物) 잎이나 줄기에 수분이 많은 식물
다즙사료(多汁飼料) 물기 많은 먹이
다화성잠저병(多花性蠶病) 누에쉬파리병
다회육(多回育) 여러 번 치기
단각(斷角) 뿔자르기
단간(斷稈) 짧은키
단간수수형품종(短稈穗數型品種) 키작고 이삭 많은 품종
단간수중형품종(短稈穗重型品種) 키작고 이삭 큰 품종
단경기(端境期) 때아닌 철
단과지(短果枝) 짧은 열매가지, 단과지
단교잡종(單交雜種) 홀트기씨, 단교잡종
단근(斷根) 뿌리끊기
단립구조(單粒構造) 홑알 짜임
단립구조(團粒構造) 떼알 짜임
단망(短芒) 짧은 가락
단미(斷尾) 꼬리 자르기
단소전정(短剪定) 짧게 치기
단수(斷水) 물 끊기
단시형(短翅型) 짧은날개꼴
단아(單芽) 홑눈
단아삽(短芽揷) 외눈꺾꽂이
단안(單眼) 홑눈
단열재료(斷熱材料) 열을 막아주는 재료
단엽(單葉) 홑입
단원형(短圓型) 둥근모양
단위결과(單爲結果) 무수정 열매맺음
단위결실(單爲結實) 제꽃 열매맺이, 제꽃맺이
단일성식물(短日性植物) 짧은볕식물
단자삽(團子揷) 경단꽂이
단작(單作) 홑짓기
단제(單蹄) 홀굽
단지(短枝) 짧은 가지
담낭(膽囊) 쓸개
담석(膽石) 쓸개돌
담수(湛水) 물 담김
담수관개(湛水灌漑) 물 가두어 대기
담수직파(湛水直播) 무논뿌림, 무논 바로 뿌리기
담자균류(子菌類) 자루곰팡이붙이, 자루곰팡이류
담즙(膽汁) 쓸개즙
답리작(畓裏作) 논뒷그루
답압(踏壓) 밟기
답입(踏) 밟아넣기
답작(畓作) 논농사
답전윤환(畓田輪換) 논밭 돌려짓기
답전작(畓前作) 논앞그루
답차륜(畓車輪) 논바퀴
답후작(畓後作) 논뒷그루
당약(當藥) 쓴 풀
대국(大菊) 왕국화, 대국
대두(大豆) 콩
대두박(大豆粕) 콩깻묵
대두분(大豆粉) 콩가루
대두유(大豆油) 콩기름
대립(大粒) 굵은알
대립종(大粒種) 굵은씨
대마(大麻) 삼
대맥(大麥) 보리, 겉보리
대맥고(大麥藁) 보릿짚
대목(臺木) 바탕나무, 바탕이 되는 나무
대목아(臺木牙) 대목눈
대장(大腸) 큰창자
대추(大雛) 큰병아리
대퇴(大腿) 넓적다리

도(桃)	복숭아
도고(稻藁)	볏짚
도국병(稻麴病)	벼이삭누룩병
도근식엽충(稻根葉)	벼뿌리잎벌레
도복(倒伏)	쓰러짐
도복방지(倒伏防止)	쓰러짐 막기
도봉(盜蜂)	도둑벌
도수로(導水路)	물 댈 도랑
도야도아(稻夜盜蛾)	벼도둑나방
도장(徒長)	웃자람
도장지(徒長枝)	웃자람 가지
도적아충(挑赤)	복숭아붉은진딧물
도체율(屠體率)	통고기율, 머리, 발목, 내장을 제외한 부분
도포제(塗布劑)	바르는 약
도한(盜汗)	식은땀
독낭(毒囊)	독주머니
독우(犢牛)	송아지
독제(毒劑)	독약, 독제
돈(豚)	돼지
돈단독(豚丹毒)	돼지단독(병)
돈두(豚痘)	돼지마마
돈사(豚舍)	돼지우리
돈역(豚疫)	돼지돌림병
돈콜레라(豚cholerra)	돼지콜레라
돈폐충(豚肺)	돼지폐충
동고병(胴枯病)	줄기마름병
동기전정(冬期剪定)	겨울가지치기
동맥류(動脈瘤)	동맥혹
동면(冬眠)	겨울잠
동모(冬毛)	겨울털
동백과(冬栢科)	동백나무과
동복자(同腹子)	한배 새끼
동봉(動蜂)	일벌
동비(冬肥)	겨울거름
동사(凍死)	얼어죽음
동상해(凍霜害)	서리피해
동아(冬芽)	겨울눈
동양리(東洋李)	동양자두
동양리(東洋梨)	동양배
동작(冬作)	겨울가꾸기
동작물(冬作物)	겨울작물
동절견(胴切繭)	허리 얇은 고치
동채(冬菜)	무갓
동통(疼痛)	아픔
동포자(冬胞子)	겨울 홀씨
동할미(胴割米)	금간 쌀
동해(凍害)	언 피해
두과목초(豆科牧草)	콩과 목초(풀)
두과작물(豆科作物)	콩과작물
두류(豆類)	콩류
두리(豆李)	콩배
두부(頭部)	머리, 두부
두유(豆油)	콩기름
두창(痘瘡)	마마, 두창
두화(頭花)	머리꽃
둔부(臀部)	궁둥이
둔성발정(鈍性發精)	미약한 발정
드릴파	좁은줄뿌림
등숙기(登熟期)	여뭄 때
등숙비(登熟肥)	여뭄 거름

마두(馬痘)	말마마
마령서(馬鈴薯)	감자
마령서아(馬鈴薯蛾)	감자나방
마록묘병(馬鹿苗病)	키다리병
마사(馬舍)	마굿간
마쇄(磨碎)	갈아부수기, 갈부수기
마쇄기(磨碎機)	갈아 부수개
마치종(馬齒種)	말이씨, 오목씨
마포(麻布)	삼베, 마포
만기재배(晩期栽培)	늦가꾸기
만반(蔓返)	덩굴뒤집기
만상(晩霜)	늦서리
만상해(晩霜害)	늦서리 피해
만생상(晩生桑)	늦뽕
만생종(晩生種)	늦씨, 늦게 가꾸는 씨앗
만성(蔓性)	덩굴쇠
만성식물(蔓性植物)	덩굴성식물, 덩굴식물
만숙(晩熟)	늦익음
만숙립(晩熟粒)	늦여문알
만식(晩植)	늦심기
만식이앙(晩植移秧)	늦모내기
만식재배(晩植栽培)	늦심어 가꾸기
만연(蔓延)	번짐, 퍼짐
만절(蔓切)	덩굴치기
만추잠(晩秋蠶)	늦가을누에
만파(晩播)	늦뿌림
만할병(蔓割病)	덩굴쪼개병
만화형(蔓化型)	덩굴지기

망사피복(網紗避覆)	망사덮기, 망사덮개
망입(網入)	그물넣기
망장(芒長)	까락길이
망진(望診)	겉보기 진단, 보기 진단
망취법(網取法)	그물 떼내기법
매(梅)	매실
매간(梅干)	매실절이
매도(梅挑)	앵두
매문병(煤紋病)	그을음무늬병, 매문병
매병(煤病)	그을음병
매초(埋草)	담근 먹이
맥간류(麥桿類)	보릿짚류
맥강(麥糠)	보릿겨
맥답(麥畓)	보리논
맥류(麥類)	보리류
맥발아충(麥髮)	보리깔진딧물
맥쇄(麥碎)	보리싸라기
맥아(麥蛾)	보리나방
맥전답압(麥田踏壓)	보리밭 밟기, 보리 밟기
맥주맥(麥酒麥)	맥주보리
맥후작(麥後作)	모리뒷그루
맹	등에
맹아(萌芽)	움
멀칭(mulching)	바닥덮기
면(眠)	잠
면견(綿繭)	솜고치
면기(眠期)	잠잘때
면류(麵類)	국수류
면실(棉實)	목화씨
면실박(棉實粕)	목화씨깻묵
면실유(棉實油)	목화씨기름
면양(緬羊)	털염소
면잠(眠蠶)	잠누에
면제사(眠除沙)	잠똥갈이
면포(棉布)	무명(베), 면포
면화(棉花)	목화
명거배수(明渠排水)	겉도랑 물빼기, 겉도랑빼기
모계(母鷄)	어미닭
모계육추(母鷄育雛)	품어 기르기
모독우(牡犢牛)	황송아지, 수송아지
모돈(母豚)	어미돼지
모본(母本)	어미그루
모지(母枝)	어미가지
모피(毛皮)	털가죽
목건초(牧乾草)	목초 말린풀
목단(牧丹)	모란
목본류(木本類)	나무붙이
목야(초)지(牧野草地)	꼴밭, 풀밭
목제잠박(木製蠶箔)	나무채반, 나무누에채반
목책(牧柵)	울타리, 목장 울타리
목초(牧草)	꼴, 풀
몽과(果)	망고
몽리면적(蒙利面積)	물 댈 면적
묘(苗)	모종
묘근(苗根)	모뿌리
묘대(苗垈)	못자리
묘대기(苗垈期)	못자리때
묘령(苗齡)	모의 나이
묘매(苗)	멍석딸기
묘목(苗木)	모나무
묘상(苗床)	모판
묘판(苗板)	못자리
무경운(無耕耘)	갈지 않음
무기질토양(無機質土壤)	무기질 흙
무망종(無芒種)	까락 없는 씨
무종자과실(無種子果實)	씨 없는 열매
무증상감염(無症狀感染)	증상 없이 옮김
무핵과(無核果)	씨없는 과실
무효분얼기((無效分蘖期)	헛가지 치기
무효분얼종지기(無效分蘖終止期)	헛가지 치기 끝날 때
문고병(紋故病)	잎집무늬마름병
문단(文旦)	문단귤
미강(米糠)	쌀겨
미경산우(未經産牛)	새끼 안낳는 소
미곡(米穀)	쌀
미국(米麴)	쌀누룩
미립(米粒)	쌀알
미립자병(微粒子病)	잔알병
미숙과(未熟課)	선열매, 덜 여문 열매
미숙답(未熟畓)	덜된 논
미숙립(未熟粒)	덜 여문 알
미숙잠(未熟蠶)	설익은 누에
미숙퇴비(未熟堆肥)	덜썩은 두엄
미우(尾羽)	꼬리깃
미질(米質)	쌀의 질, 쌀품질
밀랍(蜜蠟)	꿀밀
밀봉(蜜蜂)	꿀벌
밀사(密飼)	배게기르기
밀선(蜜腺)	꿀샘
밀식(密植)	배게심기, 빽빽하게 심기
밀원(蜜源)	꿀밭

밀파(密播)	배게뿌림, 빽빽하게 뿌림

ㅂ

바인더(binder)	베어묶는 기계
박(粕)	깻묵
박력분(薄力粉)	메진 밀가루
박파(薄播)	성기게 뿌림
박피(剝皮)	껍질벗기기
박피견(薄皮繭)	얇은고치
반경지삽(半硬枝揷)	반굳은 가지꽂이, 반굳은꽂이
반숙퇴비(半熟堆肥)	반썩은 두엄
반억제재배(半抑制栽培)	반늦추어 가꾸기
반엽병(斑葉病)	줄무늬병
반전(反轉)	뒤집기
반점(斑點)	얼룩점
반점병(斑點病)	점무늬병
반촉성재배(半促成栽培)	반당겨 가꾸기
반추(反芻)	되새김
반흔(瘢痕)	딱지자국
발근(發根)	뿌리내림
발근제(發根劑)	뿌리내림약
발근촉진(發根促進)	뿌리내림 촉진
발병엽수(發病葉數)	병든 잎수
발병주(發病株)	병든포기
발아(發蛾)	싹트기, 싹틈
발아적온(發芽適溫)	싹트기 알맞은 온도
발아촉진(發芽促進)	싹트기 촉진
발아최성기(發芽最盛期)	나방제철
발열(發熱)	열남, 열냄
발우(拔羽)	털뽑기
발우기(拔羽機)	털뽑개
발육부전(發育不全)	제대로 못자람
발육사료(發育飼料)	자라는데 주는 먹이
발육지(發育枝)	자람가지
발육최성기(發育最盛期)	한창 자랄 때
발정(發情)	암내
발한(發汗)	땀남
발효(醱酵)	띄우기
방뇨(防尿)	오줌누기
방목(放牧)	놓아 먹이기
방사(放飼)	놓아 기르기
방상(防霜)	서리막기
방풍(防風)	바람막이
방한(防寒)	추위막이
방향식물(芳香植物)	향기식물
배(胚)	씨눈
배뇨(排尿)	오줌 빼기
배배양(胚培養)	씨눈배양
배부식분무기(背負式噴霧器)	등으로 매는 분무기
배부형(背負形)	등짐식
배상형(盃狀形)	사발꼴
배수(排水)	물빼기
배수구(排水溝)	물뺄 도랑
배수로(排水路)	물뺄 도랑
배아비율(胚芽比率)	씨눈비율
배유(胚乳)	씨젖
배조맥아(焙燥麥芽)	말린 엿기름
배초(焙焦)	볶기
배토(培土)	북주기, 흙 북돋아 주기
배토기(培土機)	북주개, 작물사이의 흙을 북돋아 주는데 사용하는 기계
백강병(白疆病)	흰굳음병
백리(白痢)	흰설사
백미(白米)	흰쌀
백반병(白斑病)	흰무늬병
백부병(百腐病)	흰썩음병
백삽병(白澁病)	흰가루병
백쇄미(白碎米)	흰싸라기
백수(白穗)	흰마름 이삭
백엽고병(白葉枯病)	흰잎마름병
백자(栢子)	잣
백채(白菜)	배추
백합과(百合科)	나리과
변속기(變速機)	속도조절기
병과(病果)	병든 열매
병반(病斑)	병무늬
병소(病巢)	병집
병우(病牛)	병든 소
병징(病徵)	병증세
보비력(保肥力)	거름을 지닐 힘
보수력(保水力)	물 지닐힘
보수일수(保水日數)	물 지닐 일수
보식(補植)	메워서 심기
보양창흔(步樣滄痕)	비틀거림
보정법(保定法)	잡아매기
보파(補播)	덧뿌림
보행경직(步行硬直)	뻗장 걸음
보행창흔(步行瘡痕)	비틀 걸음
복개육(覆蓋育)	덮어치기
복교잡종(複交雜種)	겹트기씨
복대(覆袋)	봉지 씌우기

복백(腹白)	겉백이
복아(複芽)	겹눈
복아묘(複芽苗)	겹눈모
복엽(腹葉)	겹잎
복접(腹接)	허리접
복지(匐枝)	기는 줄기
복토(覆土)	흙덮기
복통(腹痛)	배앓이
복합아(複合芽)	겹눈
본답(本畓)	본논
본엽(本葉)	본잎
본포(本圃)	제밭, 본밭
봉군(蜂群)	벌떼
봉밀(蜂蜜)	벌꿀, 꿀
봉상(蜂箱)	벌통
봉침(蜂針)	벌침
봉합선(縫合線)	솔기
부고(敷藁)	깔짚
부단급여(不斷給與)	대먹임, 계속 먹임
부묘(浮苗)	뜬모
부숙(腐熟)	썩힘
부숙도(腐熟度)	썩은 정도
부숙퇴비(腐熟堆肥)	썩은 두엄
부식(腐植)	써거리
부식토(腐植土)	써거리 흙
부신(副腎)	곁콩팥
부아(副芽)	덧눈
부정근(不定根)	막뿌리
부정아(不定芽)	막눈
부정형견(不定形繭)	못생긴 고치
부제병(腐蹄病)	발굽썩음병
부종(浮種)	붓는 병
부주지(副主枝)	버금가지
부진자류(浮塵子類)	멸구매미충류
부초(敷草)	풀 덮기
부패병(腐敗病)	썩음병
부화(孵化)	알깨기, 알까기
부화약충(孵化若)	갓 깬 애벌레
분근(分根)	뿌리나누기
분뇨(糞尿)	똥오줌
분만(分娩)	새끼낳기
분만간격(分娩間隔)	터울
분말(粉末)	가루
분무기(噴霧機)	뿜개
분박(分箔)	채반기름
분봉(分蜂)	벌통가르기
분사(粉飼)	가루먹이
분상질소맥(粉狀質小麥)	메진 밀
분시(分施)	나누어 비료주기
분식(紛食)	가루음식
분얼(分蘖)	새끼치기
분얼개도(分蘖開度)	포기 퍼짐새
분얼경(分蘖莖)	새끼친 줄기
분얼기(分蘖期)	새끼칠 때
분얼비(分蘖肥)	새끼칠 거름
분얼수(分蘖數)	새끼친 수
분얼절(分蘖節)	새끼마디
분얼최성기(分蘖最盛期)	새끼치기 한창 때
분의처리(粉依處理)	가루묻힘
분재(盆栽)	분나무
분제(粉劑)	가루약
분주(分株)	포기나눔
분지(分枝)	가지벌기
분지각도(分枝角度)	가지벌림새
분지수(分枝數)	번 가지수
분지장(分枝長)	가지길이
분총(分)	쪽파
불면잠(不眠蠶)	못자는 누에
불시재배(不時栽培)	때없이 가꾸기
불시출수(不時出穗)	때없이 이삭패기, 불시이삭패기
불용성(不溶性)	안녹는
불임도(不姙稻)	쭉정이벼
불임립(不稔粒)	쭉정이
불탈견아(不脫繭蛾)	못나온 나방
비경(鼻鏡)	콧등, 코거울
비공(鼻孔)	콧구멍
비등(沸騰)	끓음
비료(肥料)	거름
비루(鼻淚)	콧물
비배관리(肥培管理)	거름주어 가꾸기
비산(飛散)	흩날림
비옥(肥沃)	걸기
비유(泌乳)	젖나기
비육(肥育)	살찌우기
비육양돈(肥育養豚)	살돼지 기르기
비음(庇陰)	그늘
비장(臟)	지라
비절(肥絕)	거름 떨어짐
비환(鼻環)	코뚜레
비효(肥效)	거름효과
빈독우(牝犢牛)	암송아지
빈사상태(瀕死狀態)	다죽은 상태

빈우(牝牛)	암소
ㅅ	
사(砂)	모래
사견양잠(絲繭養蠶)	실고치 누에치기
사경(砂耕)	모래 가꾸기
사과(絲瓜)	수세미
사근접(斜根接)	뿌리엇접
사낭(砂囊)	모래주머니
사란(死卵)	곤달걀
사력토(砂礫土)	자갈흙
사롱견(死籠繭)	번데기가 죽은 고치
사료(飼料)	먹이
사료급여(飼料給與)	먹이주기
사료포(飼料圃)	사료밭
사망(絲網)	실그물
사면(四眠)	넉잠
사멸온도(死滅溫度)	죽는 온도
사비료작물(飼肥料作物)	먹이 거름작물
사사(舍飼)	가둬 기르기
사산(死産)	죽은 새끼낳음
사삼(沙蔘)	더덕
사성휴(四盛畦)	네가웃지기
사식(斜植)	빗심기, 사식
사양(飼養)	치기, 기르기
사양토(砂壤土)	모래참흙
사육(飼育)	기르기, 치기
사접(斜接)	엇접
사조(飼槽)	먹이통
사조맥(四條麥)	네모보리
사총(絲葱)	실파
사태아(死胎兒)	죽은 태아
사토(砂土)	모래흙
삭	다래
삭모(削毛)	털깎기
삭아접(削芽接)	깍기눈접
삭제(削蹄)	발굽깍기, 굽깍기
산과앵도(酸果櫻桃)	신앵두
산도교정(酸度橋正)	산성고치기
산란(産卵)	알낳기
산리(山李)	산자두
산미(酸味)	신맛
산상(山桑)	산뽕
산성토양(酸性土壤)	산성흙
산식(散植)	흩어심기
산약(山藥)	마
산양(山羊)	염소
산양유(山羊乳)	염소젖
산유(酸乳)	젖내기
산유량(酸乳量)	우유 생산량
산육량(産肉量)	살코기량
산자수(産仔數)	새끼수
산파(散播)	흩뿌림
산포도(山葡萄)	머루
살분기(撒粉機)	가루뿜개
삼투성(滲透性)	스미는 성질
삽목(揷木)	꺾꽂이
삽목묘(揷木苗)	꺾꽂이모
삽목상(揷木床)	꺾꽂이 모판
삽미(澁味)	떫은 맛
삽상(揷床)	꺾꽂이 모판
삽수(揷穗)	꺾꽂이순
삽시(揷柿)	떫은 감
삽식(揷植)	꺾꽂이
삽접(揷接)	꽂이접
상(床)	모판
상개각충(桑介殼)	뽕깍지 벌레
상견(上繭)	상등고치
상면(床面)	모판바닥
상명아(桑螟蛾)	뽕나무명나방
상묘(桑苗)	뽕나무묘목
상번초(上繁草)	키가 크고 잎이 위쪽에 많은 풀
상습지(常習地)	자주나는 곳
상심(桑)	오디
상심지영승(湘芯止蠅)	뽕나무순혹파리
상아고병(桑芽枯病)	뽕나무눈마름병, 뽕눈마름병
상엽(桑葉)	뽕잎
상엽충(桑葉)	뽕잎벌레
상온(床溫)	모판온도
상위엽(上位葉)	윗잎
상자육(箱子育)	상자치기
상저(上藷)	상고구마
상전(桑田)	뽕밭
상족(上蔟)	누에올리기
상주(霜柱)	서릿발
상지척확(桑枝尺)	뽕나무자벌레
상천우(桑天牛)	뽕나무하늘소
상토(床土)	모판흙
상폭(上幅)	윗너비, 상폭
상해(霜害)	서리피해
상흔(傷痕)	흉터
색택(色澤)	빛깔

생견(生繭)	생고치
생경중(生莖重)	풋줄기무게
생고중(生藁重)	생짚 무게
생돈(生豚)	생돼지
생력양잠(省力養蠶)	노동력 줄여 누에치기
생력재배(省力栽培)	노동력 줄여 가꾸기
생사(生飼)	날로 먹이기
생시체중(生時體重)	날때 몸무게
생식(生食)	날로 먹기
생유(生乳)	날젖
생육(生肉)	날고기
생육상(生育狀)	자라는 모양
생육적온(生育適溫)	자라기 적온, 자라기 맞는 온도
생장률(生長率)	자람비율
생장조정제(生長調整劑)	생장조정약
생전분(生澱粉)	날녹말
서(黍)	기장
서강사료(薯糠飼料)	겨감자먹이
서과(西瓜)	수박
서류(薯類)	감자류
서상층(鋤床層)	쟁기밑층
서양리(西洋李)	양자두
서혜임파절(鼠蹊淋巴節)	사타구니임파절
석답(潟畓)	갯논
석분(石粉)	돌가루
석회고(石灰藁)	석회짚
석회석분말(石灰石粉末)	석회가루
선견(選繭)	고치 고르기
선과(選果)	과실 고르기
선단고사(先端枯死)	끝마름
선단벌채(先端伐採)	끝베기
선란기(選卵器)	알고르개
선모(選毛)	털고르기
선종(選種)	씨고르기
선택성(選擇性)	가릴성
선형(扇形)	부채꼴
선회운동(旋回運動)	맴돌이운동, 맴돌이
설립(粒)	쭉정이
설미(米)	쭉정이쌀
설서(薯)	잔감자
설저(藷)	잔고구마
설하선(舌下腺)	혀밑샘
설형(楔形)	쐐기꼴
섬세지(纖細枝)	실가지
섬유장(纖維長)	섬유길이
성계(成鷄)	큰닭
성과수(成果樹)	자란 열매나무
성돈(成豚)	자란 돼지
성목(成木)	자란 나무
성묘(成苗)	자란 모
성숙기(成熟期)	익음 때
성엽(成葉)	다자란 잎, 자란 잎
성장률(成長率)	자람 비율
성추(成雛)	큰병아리
성충(成蟲)	어른벌레
성토(成兎)	자란 토끼
성토법(盛土法)	묻어떼기
성하기(盛夏期)	한여름
세균성연화병(細菌性軟化病)	세균무름병
세근(細根)	잔뿌리
세모(洗毛)	털 씻기
세잠(細蠶)	가는 누에
세절(細切)	잘게 썰기
세조파(細條播)	가는 줄뿌림
세지(細枝)	잔가지
세척(洗滌)	씻기
소각(燒却)	태우기
소광(巢)	벌집틀
소국(小菊)	잔국화
소낭(囊)	모이주머니
소두(小豆)	팥
소두상충(小豆象)	팥바구미
소립(小粒)	잔알
소립종(小粒種)	잔씨
소맥(小麥)	밀
소맥고(小麥藁)	밀짚
소맥부(小麥)	밀기울
소맥분(小麥粉)	밀가루
소문(巢門)	벌통문
소밀(巢蜜)	개꿀, 벌통에서 갓 떼어내 벌집에 그대로 들어있는 꿀
소비(巢脾)	밀랍으로 만든 벌집
소비재배(小肥栽培)	거름 적게 주어 가꾸기
소상(巢箱)	벌통
소식(疎植)	성글게 심기, 드물게 심기
소양증(瘙痒症)	가려움증
소엽(蘇葉)	차조기잎, 차조기
소우(素牛)	밑소
소잠(掃蠶)	누에떨기
소주밀식(小株密植)	적게 잡아 배게심기
소지경(小枝梗)	벼알가지
소채아(小菜蛾)	배추좀나방

소초(巢礎)	벌집틀바탕
소토(燒土)	흙 태우기
속(束)	묶음, 다발, 뭇
속(粟)	조
속명충(粟螟)	조명나방
속성상전(速成桑田)	속성 뽕밭
속성퇴비(速成堆肥)	빨리 썩을 두엄
속야도충(粟夜盜)	멸강나방
속효성(速效性)	빨리 듣는
쇄미(碎米)	싸라기
쇄토(碎土)	흙 부수기
수간(樹間)	나무 사이
수견(收繭)	고치따기
수경재배(水耕栽培)	물로 가꾸기
수고(樹高)	나무키
수고병(穗枯病)	이삭마름병
수광(受光)	빛살받기
수도(水稻)	벼
수도이앙기(水稻移秧機)	모심개
수동분무기(手動噴霧器)	손뿜개
수두(獸痘)	짐승마마
수령(樹)	나무사이
수로(水路)	도랑
수리불안전답(水利不安全畓)	물 사정 나쁜 논
수리안전답(水利安全畓)	물 사정 좋은 논
수면처리(水面處理)	물 위 처리
수모(獸毛)	짐승털
수묘대(水苗垈)	물 못자리
수밀(蒐蜜)	꿀 모으기
수발아(穗發芽)	이삭 싹나기
수병(銹病)	녹병
수분(受粉)	꽃가루받이, 가루받이
수분(水分)	물기
수분수(授粉樹)	가루받이 나무
수비(穗肥)	이삭거름
수세(樹勢)	나무자람새
수수(穗數)	이삭수
수수(穗首)	이삭목
수수도열병(穗首稻熱病)	목도열병
수수분화기(穗首分化期)	이삭 생길 때
수수형(穗數型)	이삭 많은 형
수양성하리(水性下痢)	물똥설사
수엽량(收葉量)	뽕 거둠량
수아(收蛾)	나방 거두기
수온(水溫)	물온도
수온상승(水溫上昇)	물온도 높이기
수용성(水溶性)	물에 녹는
수용제(水溶劑)	물녹임약
수유(受乳)	젖받기, 젖주기
수유율(受乳率)	기름내는 비율
수이(水飴)	물엿
수장(穗長)	이삭길이
수전기(穗期)	이삭 거의 팼을 때
수정(受精)	정받이
수정란(受精卵)	정받이알
수조(水)	물통
수종(水腫)	물종기
수중형(穗重型)	큰이삭형
수차(手車)	손수레
수차(水車)	물방아
수척(瘦瘠)	여윔
수침(水浸)	물잠김
수태(受胎)	새끼배기
수포(水泡)	물집
수피(樹皮)	나무 껍질
수형(樹形)	나무 모양
수형(穗形)	이삭 모양
수화제(水和劑)	물풀이약
수확(收穫)	거두기
수확기(收穫機)	거두는 기계
숙근성(宿根性)	해묵이
숙기(熟期)	익음 때
숙도(熟度)	익은 정도
숙면기(熟眠期)	깊은 잠 때
숙사(熟飼)	끓여 먹이기
숙잠(熟蠶)	익은 누에
숙전(熟田)	길든 밭
숙지삽(熟枝揷)	굳가지꽂이
숙채(熟菜)	익힌 나물
순찬경법(順次耕法)	차례 갈기
순치(馴致)	길들이기
순화(馴化)	길들이기, 굳히기
순환관개(循環觀漑)	돌려 물대기
순회관찰(巡廻觀察)	돌아보기
습답(濕畓)	고논
습포육(濕布育)	젖은 천 덮어치기
승가(乘駕)	교배를 위해 등에 올라타는 것
시(枾)	감
시비(施肥)	거름주기, 비료주기
시비개선(施肥改善)	거름주는 방법을 좋게 바꿈
시비기(施肥機)	거름주개
시산(始産)	처음 낳기

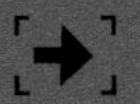

시실아(柿實蛾)	감꼭지나방
시진(視診)	살펴보기 진단, 보기진단
시탈삽(柿脫澁)	감우림
식단(食單)	차림표
식부(植付)	심기
식상(植傷)	몸살
식상(植桑)	뽕나무심기
식습관(食習慣)	먹는 버릇
식양토(埴壤土)	질참흙
식염(食鹽)	소금
식염첨가(食鹽添加)	소금치기
식우성(食羽性)	털 먹는 버릇
식이(食餌)	먹이
식재거리(植栽距離)	심는 거리
식재법(植栽法)	심는 법
식토(植土)	질흙
식하량(食下量)	먹는 양
식해(害)	갉음 피해
식혈(植穴)	심을 구덩이
식흔(痕)	먹은 흔적
신미종(辛味種)	매운 품종
신소(新)	새가지, 새순
신소삽목(新揷木)	새순 꺾꽂이
신소엽량(新葉量)	새순 잎량
신엽(新葉)	새잎
신장(腎臟)	콩팥, 신장
신장기(伸張期)	줄기자람 때
신장절(伸張節)	자란 마디
신지(新枝)	새가지
신품종(新品種)	새품종
실면(實棉)	목화
실생묘(實生苗)	씨모
실생번식(實生繁殖)	씨로 불림
심경(深耕)	깊이 갈이
심경다비(深耕多肥)	깊이 갈아 걸우기
심고(芯枯)	순마름
심근성(深根性)	깊은 뿌리성
심부명(深腐病)	속썩음병
심수관개(深水灌漑)	물 깊이대기, 깊이대기
심식(深植)	깊이심기
심엽(心葉)	속잎
심지(芯止)	순멎음, 순멎이
심층시비(深層施肥)	깊이 거름주기
심토(心土)	속흙
심토층(心土層)	속흙층
십자화과(十字花科)	배추과

아(芽)	눈
아(蛾)	나방
아고병(芽枯病)	눈마름병
아삽(芽揷)	눈꽂이
아접(芽接)	눈접
아접도(芽接刀)	눈접칼
아주지(亞主枝)	버금가지
아충	진딧물
악	꽃받침
악성수종(惡性水腫)	악성물종기
악편(片)	꽃받침조각
안(眼)	눈
안점기(眼点期)	점보일 때
암거배수(暗渠排水)	속도랑 물빼기
암발아종자(暗發芽種子)	그늘받이씨
암최청(暗催靑)	어둠 알깨기
압궤(壓潰)	눌러 으깨기
압사(壓死)	깔려죽음
압조법(壓條法)	휘묻이
압착기(壓搾機)	누름틀
액비(液肥)	물거름, 액체비료
액아(腋芽)	겨드랑이눈
액제(液劑)	물약
액체비료(液體肥料)	물거름
앵속(罌粟)	양귀비
야건초(野乾草)	말린들풀
야도아(夜盜蛾)	도둑나방
야도충(夜盜)	도둑벌레, 밤나방의 어린 벌레
야생초(野生草)	들풀
야수(野獸)	들짐승
야자유(椰子油)	야자기름
야잠견(野蠶繭)	들누에고치
야적(野積)	들가리
야초(野草)	들풀
약(葯)	꽃밥
약목(若木)	어린 나무
약빈계(若牝鷄)	햇암탉
약산성토양(弱酸性土壤)	약한 산성흙
약숙(若熟)	덜익음
약염기성(弱鹽基性)	약한 알칼리성
약웅계(若雄鷄)	햇수탉
약지(弱枝)	약한 가지
약지(若枝)	어린 가지

약충(若)	애벌레, 유충
약토(若兎)	어린 토끼
양건(乾)	볕에 말리기
양계(養鷄)	닭치기
양돈(養豚)	돼지치기
양두(羊痘)	염소마마
양마(洋麻)	양삼
양맥(洋麥)	호밀
양모(羊毛)	양털
양묘(養苗)	모 기르기
양묘육성(良苗育成)	좋은 모 기르기
양봉(養蜂)	벌치기
양사(羊舍)	양우리
양상(揚床)	돋움 모판
양수(揚水)	물 푸기
양수(羊水)	새끼집 물
양열재료(釀熱材料)	열 낼 재료
양유(羊乳)	양젖
양육(羊肉)	양고기
양잠(養蠶)	누에치기
양접(揚接)	딴자리접
양질미(良質米)	좋은 쌀
양토(壤土)	참흙
양토(養兎)	토끼치기
어란(魚卵)	말린 생선알, 생선알
어분(魚粉)	생선가루
어비(魚肥)	생선거름
억제재배(抑制栽培)	늦추어가꾸기
언지법(偃枝法)	휘묻이
얼자(蘖子)	새끼가지
엔시리지(ensilage)	담근먹이
여왕봉(女王蜂)	여왕벌
역병(疫病)	돌림병
역용우(役用牛)	일소
역우(役牛)	일소
역축(役畜)	일가축
연가조상수확법	연간 가지 뽕거두기
연골(軟骨)	물렁뼈
연구기(燕口期)	잎펼 때
연근(蓮根)	연뿌리
연맥(燕麥)	귀리
연부병(軟腐病)	무름병
연사(練飼)	이겨 먹이기
연상(練床)	이긴 모판
연수(軟水)	단물
연용(連用)	이어쓰기
연이법(練餌法)	반죽먹이기
연작(連作)	이어짓기
연초야아(煙草夜蛾)	담배나방
연하(嚥下)	삼킴
연화병(軟化病)	무름병
연화재배(軟化栽培)	연하게 가꾸기
열과(裂果)	열매터짐, 터진열매
열구(裂球)	통터짐, 알터짐, 터진알
열근(裂根)	뿌리터짐, 터진 뿌리
열대과수(熱帶果樹)	열대 과일나무
열엽(裂葉)	갈래잎
염기성(鹽基性)	알칼리성
염기포화도(鹽基飽和度)	알칼리포화도
염료(染料)	물감
염료작물(染料作物)	물감작물
염류농도(鹽類濃度)	소금기 농도
염류토양(鹽類土壤)	소금기 흙
염수(鹽水)	소금물
염수선(鹽水選)	소금물 가리기
염안(鹽安)	염화암모니아
염장(鹽藏)	소금저장
염중독증(鹽中毒症)	소금중독증
염증(炎症)	곪음증
염지(鹽漬)	소금절임
염해(鹽害)	짠물해
염해지(鹽害地)	짠물해 땅
염화가리(鹽化加里)	염화칼리
엽고병(葉枯病)	잎마름병
엽권병(葉倦病)	잎말이병
엽권충(葉倦)	잎말이나방
엽령(葉齡)	잎나이
엽록소(葉綠素)	잎파랑이
엽맥(葉脈)	잎맥
엽면살포(葉面撒布)	잎에 뿌리기
엽면시비(葉面施肥)	잎에 거름주기
엽면적(葉面積)	잎면적
엽병(葉炳)	잎자루
엽비(葉)	응애
엽삽(葉揷)	잎꽂이
엽서(葉序)	잎차례
엽선(葉先)	잎끝
엽선절단(葉先切斷)	잎끝자르기
엽설(葉舌)	잎혀
엽신(葉身)	잎새
엽아(葉芽)	잎눈
엽연(葉緣)	잎가선

엽연초(葉煙草)	잎담배
엽육(葉肉)	잎살
엽이(葉耳)	잎귀
엽장(葉長)	잎길이
엽채류(葉菜類)	잎채소류, 잎채소붙이
엽초(葉)	잎집
엽폭(葉幅)	잎 너비
영견(營繭)	고치짓기
영계(鷄)	약병아리
영년식물(永年植物)	오래살이 작물
영양생장(營養生長)	몸자람
영화(穎化)	이삭꽃
영화분화기(穎化分化期)	이삭꽃 생길 때
예도(刈倒)	베어 넘김
예찰(豫察)	미리 살핌
예초(刈草)	풀베기
예초기(刈草機)	풀베개
예취(刈取)	베기
예취기(刈取機)	풀베개
예폭(刈幅)	벨너비
오모(汚毛)	더러운 털
오수(汚水)	더러운 물
오염견(汚染繭)	물든 고치
옥견(玉繭)	쌍고치
옥사(玉絲)	쌍고치실
옥외육(屋外育)	한데치기
옥촉서(玉蜀黍)	옥수수
옥총(玉)	양파
옥총승(玉繩)	고자리파리
옥토(沃土)	기름진 땅
온수관개(溫水灌漑)	더운 물대기
온욕법(溫浴法)	더운 물담그기
완두상충(豌豆象)	완두바구미
완숙(完熟)	다익음
완숙과(完熟果)	익은 열매
완숙퇴비(完熟堆肥)	다썩은 두엄
완전변태(完全變態)	갖춘 탈바꿈
완초(莞草)	왕골
완효성(緩效性)	천천히 듣는
왕대(王臺)	여왕벌집
왕봉(王蜂)	여왕벌
왜성대목(倭性臺木)	난장이 바탕나무
외곽목책(外廓木柵)	바깥울
외래종(外來種)	외래품종
외반경(外返耕)	바깥 돌아갈이
외상(外傷)	겉상처
외피복(外被覆)	겉덮기, 겉덮개
요(尿)	오줌
요도결석(尿道結石)	오줌길에 생긴 돌
요독증(尿毒症)	오줌독 증세
요실금(尿失禁)	오줌 흘림
요의빈삭(尿意頻數)	오줌 자주 마려움
요절병(腰折病)	잘록병
욕광최아(浴光催芽)	햇볕에서 싹띄우기
용수로(用水路)	물대기 도랑
용수원(用水源)	끝물
용제(溶劑)	녹는 약
용탈(溶脫)	녹아 빠짐
용탈증(溶脫症)	녹아 빠진 흙
우(牛)	소
우결핵(牛結核)	소결핵
우량종자(優良種子)	좋은 씨앗
우모(羽毛)	깃털
우사(牛舍)	외양간
우상(牛床)	축사에 소를 1마리씩 수용하기 위한 구획
우승(牛蠅)	쇠파리
우육(牛肉)	쇠고기
우지(牛脂)	쇠기름
우형기(牛衡器)	소저울
우회수로(迂廻水路)	돌림도랑
운형병(雲形病)	수탉
웅봉(雄蜂)	수벌
웅성불임(雄性不稔)	고자성
웅수(雄穗)	수이삭
웅예(雄)	수술
웅추(雄雛)	수평아리
웅충(雄)	수벌레
웅화(雄花)	수꽃
원경(原莖)	원줄기
원추형(圓錐形)	원뿔꽃
원형화단(圓形花壇)	둥근 꽃밭
월과(越瓜)	김치오이
월년생(越年生)	두해살이
월동(越冬)	겨울나기
위임신(僞姙娠)	헛배기
위조(萎凋)	시듦
위조계수(萎凋係數)	시듦값
위조점(萎凋点)	시들점
위축병(萎縮病)	오갈병
위황병(萎黃病)	누른오갈병
유(柚)	유자

유근(幼根)	어린 뿌리
유당(乳糖)	젖당
유도(油桃)	민복숭아
유두(乳頭)	젖꼭지
유료작물(有料作物)	기름작물
유목(幼木)	어린 나무
유묘(幼苗)	어린모
유박(油粕)	깻묵
유방염(乳房炎)	젖알이
유봉(幼蜂)	새끼벌
유산(乳酸)	젖산
유산(流産)	새끼지우기
유산가리(酸加里)	황산가리
유산균(乳酸菌)	젖산균
유산망간(酸mangan)	황산망간
유산발효(乳酸醱酵)	젖산 띄우기
유산양(乳山羊)	젖염소
유살(誘殺)	꾀어 죽이기
유상(濡桑)	물뽕
유선(乳腺)	젖줄, 젖샘
유수(幼穗)	어린 이삭
유수분화기(幼穗分化期)	이삭 생길 때
유수형성기(幼穗形成期)	배동받이 때
유숙(乳熟)	젖 익음
유아(幼芽)	어린 싹
유아등(誘蛾燈)	꾀임등
유안(硫安)	황산암모니아
유압(油壓)	기름 압력
유엽(幼葉)	어린 잎
유우(乳牛)	젖소
유우(幼牛)	애송아지
유우사(乳牛舍)	젖소외양간, 젖소간
유인제(誘引劑)	꾀임약
유제(油劑)	기름약
유지(乳脂)	젖기름
유착(癒着)	엉겨 붙음
유추(幼雛)	햇병아리, 병아리
유추사료(幼雛飼料)	햇병아리 사료
유축(幼畜)	어린 가축
유충(幼蟲)	애벌레, 약충
유토(幼兎)	어린 토끼
유합(癒合)	아뭄
유황(黃)	황
유황대사(黃代謝)	황대사
유황화합물(黃化合物)	황화합물
유효경비율(有效莖比率)	참줄기비율
유효분얼최성기(有效分蘖最盛期)	참 새끼치기 최성기
유효분얼 한계기	참 새끼치기 한계기
유효분지수(有效分枝數)	참가지수, 유효가지수
유효수수(有效穗數)	참이삭수
유휴지(遊休地)	묵힌 땅
육계(肉鷄)	고기를 위해 기르는 닭, 식육용 닭
육도(陸稻)	밭벼
육돈(陸豚)	살돼지
육묘(育苗)	모기르기
육묘대(陸苗垈)	밭모판, 밭못자리
육묘상(育苗床)	못자리
육성(育成)	키우기
육아재배(育芽栽培)	싹내 가꾸기
육우(肉牛)	고기소
육잠(育蠶)	누에치기
육즙(肉汁)	고기즙
육추(育雛)	병아리기르기
윤문병(輪紋病)	테무늬병
윤작(輪作)	돌려짓기
윤환방목(輪換放牧)	옮겨 놓아 먹이기
윤환채초(輪換採草)	옮겨 풀베기
율(栗)	밤
은아(隱芽)	숨은 눈
음건(陰乾)	그늘 말리기
음수량(飮水量)	물먹는 양
음지답(陰地畓)	응달논
응집(凝集)	엉김, 응집
응혈(凝血)	피 엉김
의빈대(疑牝臺)	암틀
의잠(蟻蠶)	개미누에
이(李)	자두
이(梨)	배
이개(耳介)	귓바퀴
이기작(二期作)	두 번 짓기
이년생화초(二年生花草)	두해살이 화초
이대소야아(二帶小夜蛾)	벼애나방
이면(二眠)	두잠
이모작(二毛作)	두 그루갈이
이박(飴粕)	엿밥
이백삽병(裏白澁病)	뒷면흰가루병
이병(痢病)	설사병
이병경률(罹病莖率)	병든 줄기율
이병묘(罹病苗)	병든 모
이병성(罹病性)	병 걸림성
이병수율(罹病穗率)	병든 이삭률

이병식물(罹病植物)	병든 식물
이병주(罹病株)	병든 포기
이병주율(罹病株率)	병든 포기율
이식(移植)	옮겨심기
이앙밀도(移秧密度)	모내기뱀새
이야포(二夜包)	한밤 묵히기
이유(離乳)	젖떼기
이주(梨酒)	배술
이품종(異品種)	다른 품종
이하선(耳下線)	귀밑샘
이형주(異型株)	다른 꼴 포기
이화명충(二化螟)	이화명나방
이환(罹患)	병 걸림
이희심식충(梨姬心食)	배명나방
익충(益)	이로운 벌레
인경(鱗莖)	비늘줄기
인공부화(人工孵化)	인공알깨기
인공수정(人工受精)	인공 정받이
인공포유(人工哺乳)	인공 젖먹이기
인안(鱗安)	인산암모니아
인입(引入)	끌어들임
인접주(隣接株)	옆그루
인초(藺草)	골풀
인편(鱗片)	쪽
인후(咽喉)	목구멍
일건(日乾)	볕말림
일고(日雇)	날품
일년생(一年生)	한해살이
일륜차(一輪車)	외바퀴수레
일면(一眠)	첫잠
일조(日照)	볕
일협립수(1莢粒數)	꼬투리당 일수
임돈(姙豚)	새끼밴 돼지
임신(姙娠)	새끼배기
임신징후(姙娠徵候)	임신기, 새깨밴 징후
임실(稔實)	씨여뭄
임실유(荏實油)	들기름
입고병(立枯病)	잘록병
입단구조(粒團構造)	떼알구조
입도선매(立稻先賣)	벼베기 전 팔이,베기 전 팔이
입란(入卵)	알넣기
입색(粒色)	낟알색
입수계산(粒數計算)	낟알 셈
입제(粒劑)	싸락약
입중(粒重)	낟알 무게
입직기(織機)	가마니틀
잉여노동(剩餘勞動)	남는 노동

ㅈ

자(刺)	가시
자가수분(自家受粉)	제 꽃가루 받이
자견(煮繭)	고치삶기
자궁(子宮)	새끼집
자근묘(自根苗)	제뿌리 모
자돈(仔豚)	새끼돼지
자동급사기(自動給飼機)	자동 먹이틀
자동급수기(自動給水機)	자동물주개
자만(子蔓)	아들덩굴
자묘(子苗)	새끼모
자반병(紫斑病)	자주무늬병
자방(子房)	씨방
자방병(子房病)	씨방자루
자산양(子山羊)	새끼염소
자소(紫蘇)	차조기
자수(雌穗)	암이삭
자아(雌蛾)	암나방
자연초지(自然草地)	자연 풀밭
자엽(子葉)	떡잎
자예(雌)	암술
자웅감별(雌雄鑑別)	암술 가리기
자웅동체(雌雄同體)	암수 한 몸
자웅분리(雌雄分離)	암수 가리기
자저(煮藷)	찐고구마
자추(雌雛)	암평아리
자침(刺針)	벌침
자화(雌花)	암꽃
자화수정(自花受精)	제 꽃가루받이 ,제 꽃 정받이
작부체계(作付體系)	심기차례
작열감(灼熱感)	모진 아픔
작조(作條)	골타기
작토(作土)	갈이 흙
작형(作型)	가꿈꼴
작황(作況)	되는 모양, 농작물의 자라는 상황
작휴재배(作畦栽培)	이랑가꾸기
잔상(殘桑)	남은 뽕
잔여모(殘餘苗)	남은 모
잠가(蠶架)	누에 시렁
잠견(蠶繭)	누에고치
잠구(蠶具)	누에연모
잠란(蠶卵)	누에 알
잠령(蠶齡)	누에 나이

잠망(蠶網)	누에 그물
잠박(蠶箔)	누에 채반
잠복아(潛伏芽)	숨은 눈
잠사(蠶絲)	누에실, 잠실
잠아(潛芽)	숨은 눈
잠엽충(潛葉)	잎굴나방
잠작(蠶作)	누에되기
잠족(蠶簇)	누에섶
잠종(蠶種)	누에씨
잠종상(蠶種箱)	누에씨상자
잠좌지(蠶座紙)	누에 자리종이
잡수(雜穗)	잡이삭
장간(長稈)	큰키
장과지(長果枝)	긴열매가지
장관(腸管)	창자
장망(長芒)	긴까락
장방형식(長方形植)	긴모꼴심기
장시형(長翅型)	긴날개꼴
장일성식물(長日性植物)	긴볕 식물
장일처리(長日處理)	긴볕 쬐기
장잠(壯蠶)	큰누에
장중첩(腸重疊)	창자 겹침
장폐색(腸閉塞)	창자 막힘
재발아(再發芽)	다시 싹나기
재배작형(栽培作型)	가꾸기꼴
재상(栽桑)	뽕가꾸기
재생근(再生根)	되난뿌리
재식(栽植)	심기
재식거리(栽植距離)	심는 거리
재식면적(栽植面積)	심는 면적
재식밀도(栽植密度)	심음배기, 심었을 때 빽빽한 정도
저(楮)	닥나무, 닥
저견(貯繭)	고치 저장
저니토(低泥土)	시궁흙
저마(苧麻)	모시
저밀(貯蜜)	꿀갈무리
저상(貯桑)	뽕저장
저설온상(低說溫床)	낮은 온상
저수답(貯水畓)	물받이 논
저습지(低濕地)	질펄 땅, 진 땅
저위생산답(低位生産畓)	소출낮은 논
저위예취(低位刈取)	낮추베기
저작구(咀嚼口)	씹는 입
저작운동(咀嚼運動)	씹기 운동, 씹기
저장(貯藏)	갈무리
저항성(低抗性)	버틸성
저해견(害繭)	구더기난 고치
저휴(低畦)	낮은 이랑
적고병(赤枯病)	붉은마름병
적과(摘果)	열매솎기
적과협(摘果鋏)	열매솎기 가위
적기(適期)	제때, 제철
적기방제(適期防除)	제때 방제
적기예취(適期刈取)	제때 베기
적기이앙(適期移秧)	제때 모내기
적기파종(適期播種)	제때 뿌림
적량살포(適量撒布)	알맞게 뿌리기
적량시비(適量施肥)	알맞은 양 거름주기
적뢰(摘)	봉오리 따기
적립(摘粒)	알솎기
적맹(摘萌)	눈솎기
적미병(摘微病)	붉은곰팡이병
적상(摘桑)	뽕따기
적상조(摘桑爪)	뽕가락지
적성병(赤星病)	붉음별무늬병
적수(摘穗)	송이솎기
적심(摘芯)	순지르기
적아(摘芽)	눈따기
적엽(摘葉)	잎따기
적예(摘)	순지르기
적의(赤蟻)	붉은개미누에
적토(赤土)	붉은 흙
적화(摘花)	꽃솎기
전륜(前輪)	앞바퀴
전면살포(全面撒布)	전면뿌리기
전모(剪毛)	털깍기
전묘대(田苗垈)	밭못자리
전분(澱粉)	녹말
전사(轉飼)	옮겨 기르기
전시포(展示圃)	본보기논, 본보기밭
전아육(全芽育)	순뽕치기
전아육성(全芽育成)	새순 기르기
전염경로(傳染經路)	옮은 경로
전엽육(全葉育)	잎뽕치기
전용상전(專用桑田)	전용 뽕밭
전작(前作)	앞그루
전작(田作)	밭농사
전작물(田作物)	밭작물
전정(剪定)	다듬기
전정협(剪定鋏)	다듬가위
전지(前肢)	앞다리
전지(剪枝)	가지 다듬기

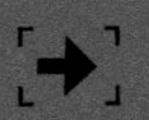

전지관개(田地灌漑)	밭물대기
전직장(前直腸)	앞곧은 창자
전층시비(全層施肥)	거름흙살 섞어주기
절간(切干)	썰어 말리기
절간(節間)	마디사이
절간신장기(節間伸長期)	마디 자랄 때
절간장(節稈長)	마디길이
절개(切開)	가름
절근아법(切根芽法)	뿌리눈접
절단(切斷)	자르기
절상(切傷)	베인 상처
절수재배(節水栽培)	물 아껴 가꾸기
절접(切接)	깍기접
절토(切土)	흙깍기
절화(折花)	꽂이꽃
절흔(切痕)	베인 자국
점등사육(點燈飼育)	불켜 기르기
점등양계(點燈養鷄)	불켜 닭기르기
점적식관수(点滴式灌水)	방울 물주기
점진최청(漸進催靑)	점진 알깨기
점청기(点靑期)	점보일 때
점토(粘土)	찰흙
점파(点播)	점뿌림
접도(接刀)	접칼
접목묘(接木苗)	접나무모
접삽법(接揷法)	접꽂아
접수(接穗)	접순
접아(接芽)	접눈
접지(接枝)	접가지
접지압(接地壓)	땅누름 압력
정곡(情穀)	알곡
정마(精麻)	속삼
정맥(精麥)	보리쌀
정맥강(精麥糠)	몽근쌀 비율
정맥비율(精麥比率)	보리쌀 비율
정선(精選)	잘 고르기
정식(定植)	아주심기
정아(頂芽)	끝눈
정엽량(正葉量)	잎뽕량
정육(精肉)	살코기
정제(錠劑)	알약
정조(正租)	알벼
정조식(正祖式)	줄모
정지(整地)	땅고르기
정지(整枝)	가지고르기
정화아(頂花芽)	끝꽃눈
제각(除角)	뿔 없애기, 뿔 자르기
제경(除莖)	줄기치기
제과(製菓)	과자만들기
제대(臍帶)	탯줄
제대(除袋)	봉지 벗기기
제동장치(制動裝置)	멈춤장치
제마(製麻)	삼 만들기
제맹(除萌)	순따기
제면(製麵)	국수 만들기
제사(除沙)	똥갈이
제심(除心)	속대 자르기
제염(除鹽)	소금빼기
제웅(除雄)	수술치기
제점(臍点)	배꼽
제족기(第簇機)	섶틀
제초(除草)	김매기
제핵(除核)	씨빼기
조(棗)	대추
조간(條間)	줄 사이
조고비율(組藁比率)	볏짚비율
조기재배(早期栽培)	일찍 가꾸기
조맥강(粗麥糠)	거친 보릿겨
조사(繰絲)	실켜기
조사료(粗飼料)	거친 먹이
조상(條桑)	가지뽕
조상육(條桑育)	가지뽕치기
조생상(早生桑)	올뽕
조생종(早生種)	올씨
조소(造巢)	벌집 짓기, 집 짓기
조숙(早熟)	올 익음
조숙재배(早熟栽培)	일찍 가꾸기
조식(早植)	올 심기
조식재배(早植栽培)	올 심어 가꾸기
조지방(粗脂肪)	거친 굳기름
조파(早播)	올 뿌림
조파(條播)	줄뿌림
조회분(粗灰分)	거친 회분
족(簇)	섶
족답탈곡기(足踏脫穀機)	디딜 탈곡기
족착견(簇着繭)	섶자국 고치
종견(種繭)	씨고치
종계(種鷄)	씨닭
종구(種球)	씨알
종균(種菌)	씨균
종근(種根)	씨뿌리
종돈(種豚)	씨돼지

종란(種卵)	씨알
종모돈(種牡豚)	씨수퇘지
종모우(種牡牛)	씨황소
종묘(種苗)	씨모
종봉(種蜂)	씨벌
종부(種付)	접붙이기
종빈돈(種牝豚)	씨암퇘지
종빈우(種牝牛)	씨암소
종상(終霜)	끝서리
종실(種實)	씨알
종실중(種實重)	씨무게
종양(腫瘍)	혹
종자(種子)	씨앗, 씨
종자갱신(種子更新)	씨앗갈이
종자교환(種子交換)	씨앗바꾸기
종자근(種子根)	씨뿌리
종자예조(種子豫措)	종자가리기
종자전염(種子傳染)	씨앗 전염
종창(腫脹)	부어오름
종축(種畜)	씨가축
종토(種兎)	씨토끼
종피색(種皮色)	씨앗 빛
좌상육(桑育)	뽕썰어치기
좌아육(芽育)	순썰어치기
좌절도복(挫折倒伏)	꺾어 쓰러짐
주(株)	포기, 그루
주간(主幹)	원줄기
주간(株間)	포기사이, 그루사이
주간거리(株間距離)	그루사이, 포기사이
주경(主莖)	원줄기
주근(主根)	원뿌리
주년재배(周年栽培)	사철가꾸기
주당수수(株當穗數)	포기당 이삭수
주두(柱頭)	암술머리
주아(主芽)	으뜸눈
주위작(周圍作)	둘레심기
주지(主枝)	원가지
중간낙수(中間落水)	중간 물떼기
중간아(中間芽)	중간눈
중경(中耕)	매기
중경제초(中耕除草)	김매기
중과지(中果枝)	중간열매가지
중력분(中力粉)	보통 밀가루, 밀가루
중립종(中粒種)	중씨앗
중만생종(中晩生種)	엇늦씨
중묘(中苗)	중간 모

중생종(中生種)	가온씨
중식기(中食期)	중밥 때
중식토(重植土)	찰질흙
중심공동서(中心空胴薯)	속 빈 감자
중추(中雛)	중병아리
증체량(增體量)	살찐 양
지(枝)	가지
지각(枳殼)	탱자
지경(枝梗)	이삭가지
지고병(枝枯病)	가지마름병
지근(枝根)	갈림 뿌리
지두(枝豆)	풋콩
지력(地力)	땅심
지력증진(地力增進)	땅심 돋우기
지면잠(遲眠蠶)	늦잠누에
지발수(遲發穗)	늦이삭
지방(脂肪)	굳기름
지분(紙盆)	종이분
지삽(枝揷)	가지꽂이
지엽(止葉)	끝잎
지잠(遲蠶)	처진 누에
지접(枝接)	가지접
지제부분(地際部分)	땅 닿은 곳
지조(枝條)	가지
지주(支柱)	받침대
지표수(地表水)	땅윗물
지하경(地下莖)	땅 속 줄기
지하수개발(地下水開發)	땅 속 물 찾기
지하수위(地下水位)	지하수 높이
직근(直根)	곧은 뿌리
직근성(直根性)	곧은 뿌리성
직립경(直立莖)	곧은 줄기
직립성낙화생(直立性落花生)	오뚜기땅콩
직립식(直立植)	곧추 심기
직립지(直立枝)	곧은 가지
직장(織腸)	곧은 창자
직파(直播)	곧 뿌림
진균(眞菌)	곰팡이
진압(鎭壓)	눌러주기
질사(窒死)	질식사
질소과잉(窒素過剩)	질소 넘침
질소기아(窒素饑餓)	질소 부족
질소잠재지력(窒素潛在地力)	질소 스민 땅심
징후(徵候)	낌새

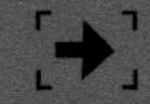

차광(遮光)	볕가림
차광재배(遮光栽培)	볕가림 가꾸기
차륜(車輪)	차바퀴
차일(遮日)	해가림
차전초(車前草)	질경이
차축(車軸)	굴대
착과(着果)	열매 달림, 달린 열매
착근(着根)	뿌리 내림
착뢰(着)	망울 달림
착립(着粒)	알달림
착색(着色)	색깔 내기
착유(搾乳)	젖짜기
착즙(搾汁)	즙내기
착탈(着脫)	달고 떼기
착화(着花)	꽃달림
착화불량(着花不良)	꽃눈 형성 불량
찰과상(擦過傷)	긁힌 상처
창상감염(創傷感染)	상처 옮음
채두(菜豆)	강낭콩
채란(採卵)	알걷이
채랍(採蠟)	밀따기
채묘(採苗)	모찌기
채밀(採蜜)	꿀따기
채엽법(採葉法)	잎따기
채종(採種)	씨받이
채종답(採種畓)	씨받이논
채종포(採種圃)	씨받이논, 씨받이밭
채토장(採土場)	흙캐는 곳
척박토(瘠薄土)	메마른 흙
척수(脊髓)	등골
척추(脊椎)	등뼈
천경(淺耕)	얕이갈이
천공병(穿孔病)	구멍병
천구소병(天拘巢病)	빗자루병
천근성(淺根性)	얕은 뿌리성
천립중(千粒重)	천알 무게
천수답(天水畓)	하늘바라기 논, 봉천답
천식(淺植)	얕심기
천일건조(天日乾燥)	볕말림
청경법(淸耕法)	김매 가꾸기
청고병(青枯病)	풋마름병
청마(青麻)	어저귀
청미(青米)	청치
청수부(青首部)	가지와 뿌리의 경계부
청예(青刈)	풋베기
청예대두(青刈大豆)	풋베기 콩
청예목초(青刈木草)	풋베기 목초
청예사료(青刈飼料)	풋베기 사료
청예옥촉서(青刈玉蜀黍)	풋베기 옥수수
청정채소(淸淨菜蔬)	맑은 채소
청초(青草)	생풀
체고(體高)	키
체장(體長)	몸길이
초가(草架)	풀시렁
초결실(初結實)	첫 열림
초고(枯)	잎집마름
초목회(草木灰)	재거름
초발이(初發苡)	첫물 버섯
초본류(草本類)	풀붙이
초산(初産)	첫배 낳기
초산태(硝酸態)	질산태
초상(初霜)	첫 서리
초생법(草生法)	풀두고 가꾸기
초생추(初生雛)	갓 깬 병아리
초세(草勢)	풀자람새, 잎자람새
초식가축(草食家畜)	풀먹이 가축
초안(硝安)	질산암모니아
초유(初乳)	첫젖
초자실재배(硝子室栽培)	유리온실 가꾸기
초장(草長)	풀 길이
초지(草地)	꼴 밭
초지개량(草地改良)	꼴 밭 개량
초지조성(草地造成)	꼴 밭 가꾸기
초추잠(初秋蠶)	초가을 누에
초형(草型)	풀꽃
촉각(觸角)	더듬이
촉서(蜀黍)	수수
촉성재배(促成栽培)	철 당겨 가꾸기
총(葱)	파
총생(叢生)	모듬남
총체벼	사료용 벼
총체보리	사료용 보리
최고분얼기(最高分蘗期)	최고 새끼치기 때
최면기(催眠期)	잠 들 무렵
최아(催芽)	싹 틔우기
최아재배(催芽栽培)	싹 틔워 가꾸기
최청(催青)	알깨기
최청기(催青器)	누에깰 틀
추경(秋耕)	가을갈이
추계재배(秋季栽培)	가을가꾸기
추광성(趨光性)	빛 따름성, 빛 쫓음성

추대(抽臺)	꽃대 신장, 꽃대 자람
추대두(秋大豆)	가을콩
추백리병(雛白痢病)	병아리흰설사병, 병아리설사병
추비(秋肥)	가을거름
추비(追肥)	웃거름
추수(秋收)	가을걷이
추식(秋植)	가을심기
추엽(秋葉)	가을잎
추작(秋作)	가을가꾸기
추잠(秋蠶)	가을누에
추잠종(秋蠶種)	가을누에씨
추접(秋接)	가을접
추지(秋枝)	가을가지
추파(秋播)	덧뿌림
추화성(趨化性)	물따름성, 물쫓음성
축사(畜舍)	가축우리
축엽병(縮葉病)	잎오갈병
춘경(春耕)	봄갈이
춘계재배(春季栽培)	봄가꾸기
춘국(春菊)	쑥갓
춘벌(春伐)	봄베기
춘식(春植)	봄심기
춘엽(春葉)	봄잎
춘잠(春蠶)	봄누에
춘잠종(春蠶種)	봄누에씨
춘지(春枝)	봄가지
춘파(春播)	봄뿌림
춘파묘(春播苗)	봄모
춘파재배(春播栽培)	봄가꾸기
출각견(出殼繭)	나방난 고치
출사(出)	수염나옴
출수(出穗)	이삭패기
출수기(出穗期)	이삭팰 때
출아(出芽)	싹나기
출웅기(出雄期)	수이삭 때, 수이삭날 때
출하기(出荷期)	제철
충령(齡)	벌레나이
충매전염(蟲媒傳染)	벌레전염
충영(蟲癭)	벌레 혹
충분(蟲糞)	곤충의 똥
취목(取木)	휘묻이
취소성(就巢性)	품는 버릇
측근(側根)	곁뿌리
측아(側芽)	곁눈
측지(側枝)	곁가지
측창(側窓)	곁창
측화아(側花芽)	곁꽃눈
치묘(稚苗)	어린 모
치은(齒)	잇몸
치잠(稚蠶)	애누에
치잠공동사육(稚蠶共同飼育)	애누에 공동치기
치차(齒車)	톱니바퀴
친주(親株)	어미 포기
친화성(親和性)	어울림성
침고(寢藁)	깔짚
침시(沈枾)	우려낸 감
침종(浸種)	씨앗 담그기
침지(浸漬)	물에 담그기

ㅋ

칼티베이터(Cultivator)	중경제초기

ㅍ

파쇄(破碎)	으깸
파악기(把握器)	교미틀
파조(播條)	뿌림 골
파종(播種)	씨뿌림
파종상(播種床)	모판
파폭(播幅)	골 너비
파폭률(播幅率)	골 너비율
파행(跛行)	절뚝거림
패각(貝殼)	조가비
패각분말(敗殼粉末)	조가비 가루
펠레트(Pellet)	덩이먹이
편식(偏食)	가려먹음
편포(扁浦)	박
평과(果)	사과
평당주수(坪當株數)	평당 포기수
평부잠종(平附蠶種)	종이받이 누에
평분(平盆)	넓적분
평사(平舍)	바닥 우리
평사(平飼)	바닥 기르기(축산), 넓게 치기(잠업)
평예법(坪刈法)	평뜨기
평휴(平畦)	평이랑
폐계(廢鷄)	못쓸 닭
폐사율(廢死率)	죽는 비율
폐상(廢床)	비운 모판
폐색(閉塞)	막힘
폐장(肺臟)	허파
포낭(包囊)	홀씨 주머니

포란(抱卵)	알 품기
포말(泡沫)	거품
포복(匍匐)	덩굴 뻗음
포복경(匍匐莖)	땅 덩굴줄기
포복성낙화생(匍匐性落花生)	덩굴땅콩
포엽(苞葉)	이삭잎
포유(胞乳)	젖먹이, 적먹임
포자(胞子)	홀씨
포자번식(胞子繁殖)	홀씨번식
포자퇴(胞子堆)	홀씨더미
포충망(捕蟲網)	벌레그물
폭(幅)	너비
폭립종(爆粒種)	튀김씨
표충(瓢)	무당벌레
표층시비(表層施肥)	표층 거름주기, 겉거름 주기
표토(表土)	겉흙
표피(表皮)	겉껍질
표형견(俵形繭)	땅콩형 고치
풍건(風乾)	바람말림
풍선(風選)	날려 고르기
플라우(Plow)	쟁기
플랜터(Planter)	씨뿌리개, 파종기
피마(皮麻)	껍질삼
피맥(皮麥)	겉보리
피목(皮目)	껍질눈
피발작업(拔作業)	피사리
피복(被覆)	덮개, 덮기
피복재배(被覆栽培)	덮어 가꾸기
피해경(被害莖)	피해 줄기
피해립(被害粒)	상한 낟알
피해주(被害株)	피해 포기

하계파종(夏季播種)	여름 뿌림
하고(夏枯)	더위시듦
하기전정(夏期剪定)	여름 가지치기
하대두(夏大豆)	여름 콩
하등(夏橙)	여름 귤
하리(下痢)	설사
하번초(下繁草)	아래퍼짐 풀, 밑퍼짐 풀, 지표면에서 자라는 식물
하벌(夏伐)	여름베기
하비(夏肥)	여름거름
하수지(下垂枝)	처진 가지
하순(下脣)	아랫입술
하아(夏芽)	여름눈
하엽(夏葉)	여름잎
하작(夏作)	여름 가꾸기
하잠(夏蠶)	여름 누에
하접(夏接)	여름접
하지(夏枝)	여름 가지
하파(夏播)	여름 파종
한랭사(寒冷紗)	가림망
한발(旱魃)	가뭄
한선(汗腺)	땀샘
한해(旱害)	가뭄피해
할접(割接)	짜개접
함미(鹹味)	짠맛
합봉(合蜂)	벌통합치기, 통합치기
합접(合接)	맞접
해채(菜)	염교
해충(害蟲)	해로운 벌레
해토(解土)	땅풀림
행(杏)	살구
향식기(餉食期)	첫밥 때
향신료(香辛料)	양념재료
향신작물(香愼作物)	양념작물
향일성(向日性)	빛 따름성
향지성(向地性)	빛 따름성
혈명견(穴明繭)	구멍고치
혈변(血便)	피똥
혈액응고(血液凝固)	피엉김
혈파(穴播)	구멍파종
협(莢)	꼬투리
협실비율(莢實比率)	꼬투리알 비율
협장(莢長)	꼬투리 길이
협폭파(莢幅播)	좁은 이랑뿌림
형잠(形蠶)	무늬누에
호과(胡瓜)	오이
호도(胡挑)	호두
호로과(葫蘆科)	박과
호마(胡麻)	참깨
호마엽고병(胡麻葉枯病)	깨씨무늬병
호마유(胡麻油)	참기름
호맥(胡麥)	호밀
호반(虎班)	호랑무늬
호숙(湖熟)	풀 익음
호엽고병(縞葉枯病)	줄무늬마름병
호접(互接)	맞접
호흡속박(呼吸速迫)	숨가쁨
혼식(混植)	섞어심기

혼용(混用)	섞어쓰기
혼용살포(混用撒布)	섞어뿌림, 섞뿌림
혼작(混作)	섞어짓기
혼종(混種)	섞임씨
혼파(混播)	섞어뿌림
혼합맥강(混合麥糠)	섞음보릿겨
혼합아(混合芽)	혼합눈
화경(花梗)	꽃대
화경(花莖)	꽃줄기
화관(花冠)	꽃부리
화농(化膿)	곪음
화도(花挑)	꽃복숭아
화력건조(火力乾操)	불로 말리기
화뢰(花)	꽃봉오리
화목(花木)	꽃나무
화묘(花苗)	꽃모
화본과목초(禾本科牧草)	볏과목초
화본과식물(禾本科植物)	볏과식물
화부병(花腐病)	꽃썩음병
화분(花粉)	꽃가루
화산성토(火山成土)	화산흙
화산회토(火山灰土)	화산재
화색(花色)	꽃색
화속상결과지(化東狀結果枝)	꽃덩이 열매가지
화수(花穗)	꽃송이
화아(花芽)	꽃눈
화아분화(花芽分化)	꽃눈분화
화아형성(花芽形成)	꽃눈형성
화용	번데기 되기
화진(花振)	꽃떨림
화채류(花菜類)	꽃채소
화탁(花托)	꽃받기
화판(花瓣)	꽃잎
화피(花被)	꽃덮이
화학비료(化學肥料)	화학거름
화형(花型)	꽃모양
화훼(花卉)	화초
환금작물(環金作物)	돈벌이작물
환모(渙毛)	털갈이
환상박피(環床剝皮)	껍질 돌려 벗기기, 돌려 벗기기
환수(換水)	물갈이
환우(換羽)	털갈이
환축(患畜)	병든 가축
활착(活着)	뿌리내림
황목(荒木)	제풀나무
황숙(黃熟)	누렇게 익음
황조슬충(黃條)	배추벼룩잎벌레
황촉규(黃蜀葵)	닥풀
황충(蝗)	메뚜기
회경(回耕)	돌아갈이
회분(灰粉)	재
회전족(回轉簇)	회전섶
횡반(橫斑)	가로무늬
횡와지(橫臥枝)	누운 가지
후구(後軀)	뒷몸
후기낙과(後期落果)	자라 떨어짐
후륜(後輪)	뒷바퀴
후사(後飼)	배게 기르기
후산(後産)	태낳기
후산정체(後産停滯)	태반이 나오지 않음
후숙(後熟)	따서 익히기, 따서 익힘
후작(後作)	뒷그루
후지(後肢)	뒷다리
훈연소독(燻煙消毒)	연기찜 소독
훈증(燻蒸)	증기찜
휴간관개(畦間灌漑)	고랑 물대기
휴립(畦立)	이랑 세우기, 이랑 만들기
휴립경법(畦立耕法)	이랑짓기
휴면기(休眠期)	잠잘 때
휴면아(休眠芽)	잠자는 눈
휴반(畦畔)	논두렁, 밭두렁
휴반대두(畦畔大豆)	두렁콩
휴반소각(畦畔燒却)	두렁 태우기
휴반식(畦畔式)	두렁식
휴반재배(畦畔栽培)	두렁재배
휴폭(畦幅)	이랑 너비
휴한(休閑)	묵히기
휴한지(休閑地)	노는 땅, 쉬는 땅
흉위(胸圍)	가슴둘레
흑두병(黑痘病)	새눈무늬병
흑반병(黑斑病)	검은무늬병
흑산양(黑山羊)	흑염소
흑삽병(黑澁病)	검은가루병
흑성병(黑星病)	검은별무늬병
흑수병(黑穗病)	깜부기병
흑의(黑蟻)	검은개미누에
흑임자(黑荏子)	검정깨
흑호마(黑胡麻)	검정깨
흑호잠(黑縞蠶)	검은띠누에
흡지(吸枝)	뿌리순
희석(稀釋)	묽힘
희잠(姬蠶)	민누에

누구나 쉽게 재배할 수 있는 약용버섯 길잡이

1판 1쇄 인쇄 2021년 10월 05일
1판 1쇄 발행 2021년 10월 12일
지은이 국립원예특작과학원
펴낸이 이범만
발행처 ***21세기사***
등록 제406-00015호
주소 경기도 파주시 산남로 72-16 (10882)
전화 031)942-7861 **팩스** 031)942-7864
홈페이지 www.21cbook.co.kr
e-mail 21cbook@naver.com
ISBN 979-11-6833-001-6

정가 20,000원